何宝民 著

书衣二十家

海燕出版社

绀弩散文《绝叫》插图　张光宇

目次

前
言

　　书衣，书籍的衣裳，一般指书的封面装帧。也称书面。

　　中国现代书衣的设计装帧，与"五四"新文学的兴起同步，并逐渐形成为一门独立的艺术。百年以来，书籍装帧潮涨潮落：二十世纪三十年代是书籍装帧的高峰，后因为抗日战争和国内战火的影响而趋于低落。一九四九年后有所回升，但好景不长，极左思潮的影响使书籍装帧处处受限，直到"文革"严寒冰封，彻底零落。十年浩劫之后，才逐渐复苏。近四十年，随着现代设计理念的更新、现代科技的积极介入，书籍装帧艺术有了长足的发展。观念变革，风格多元，两岸四地交流频繁，取得了丰硕的成果。

　　今日的书籍设计，已经远远不止于书衣装帧。书衣之外，环衬、扉页、内文版面和纸张、印刷、装订，以及编辑策划、书籍形态等，都属于设计的范畴。但一张好的书衣，不仅具有组成书籍的存在形式和保护书籍的实用价值，而且以其欣赏价值为书籍的宣传推广发挥作用。各个时期的书衣都有着当时政治、经济、文化的烙印，以直观的形象表现了时代风情。读者从书衣的更迭中看到了世易时移的岁月变迁。

　　书衣的魅力令爱书人为之倾倒。出版家范用说："我每拿到一本新书，先赏封面。看设计新颖的封面，是一种享受，我称之为'第一享受'。"（《〈叶雨书衣〉自序》）作家唐弢说到书装，则是："不用说翻检内容，就是一看到版式装帧，也使人美感突兴，神驰不已。"（《画册的装帧》）学者戴文葆一句话精辟地总结了书籍装帧："一种大有讲究的学问，非同小可的艺术。"（《对书籍外部形态的一次讨论》）

　　从二十世纪二十年代至今，中国书籍装帧艺术名家辈出，留下传世的书衣佳作。本书选入的二十家，既有专业的画家，也有直接参与书刊设计的作家、学者和出版家；有声名卓著的大师，也有初展才华的新人。每家配以书衣代表作品，做各有侧重的评述，以书衣介绍和分析为主，兼及背景交代和史料钩沉，反映书装艺术家的创造性成就。

　　文后附录有三："书衣选萃"（上）（下），分别精选了大陆一九一四年至一九四九年和台湾一九三六年至一九九九年的书衣佳品。这些作品或因时光久远，存世较少；或因两岸分离，交流不多。"书衣情谊"，选收书籍设计家为我著述或主编的书籍所做的设计装帧，艺术家的巧思匠心和生花妙笔为它们增光添彩。

　　全书书影一千余帧，视界宽广，缤纷万象，充分展示了书籍装帧之美。

　　爱书人从书衣的品赏中回望时代的变迁，当还原逝去的韶光。书籍装帧爱好者在书衣经典里汲取智慧，将引发创造的灵感。

鲁迅：
中国现代书籍装帧的开拓者

鲁迅

《呐喊》

鲁迅著

北新书局／一九二六年

　　中国现代书籍装帧是从"五四"新文化运动起步的。清末民初，随着西方先进印刷技术的传入、造纸技术的进步，现代书籍的印装工艺有了很大的变化。但是，当时的出版物仍然套用中国传统书籍的装帧形式，书的封面显得陈旧而呆板，改革和创新势在必行。开拓和倡导中国现代书籍装帧改革的领军人物，就是鲁迅（一八八一年——一九三六年）。

　　鲁迅为中国现代书籍装帧建立了杰出的功勋。他重视书籍装帧，关注国内和国外装帧艺术的研究，主张借鉴东西方文化的精华，一方面"引入世界上灿烂的新作"，一方面"重提旧时而今日可以利用的遗产"，并融入书籍装帧设计的领域。他确立了书籍装帧的整体理念。认为一本书的设计，从封面、装饰、插图、开本、版式，直到字的大小、标点位置以及纸张、印刷、装订、价格，如同一件完美艺术品的完成。他不赞成图解式的创作方法，"强调书籍装帧是独立的一门绘画艺术，承认它的装饰作用，不必勉强配合书籍的内容"。（姜德明：《〈书衣百影〉序》）鲁迅这一系列精辟的见解，是现代书籍装帧艺术的宝贵遗产。鲁迅培养了一批现代书籍装帧人才，陶元庆、孙福熙、司徒乔、钱君匋等都是在他扶持下成长起来并取得卓著成就的书籍装帧艺术家。鲁迅一生喜爱美术，他还亲力亲为进行书籍装帧的实践，创作了近七十种封面，为我们展示出缤纷多姿的艺术世界。

　　文字构成在鲁迅的书籍装帧中占较大比重，中国汉字尤是一个重要元素。鲁迅的书法，"熔冶篆隶于一炉，听任心腕之交应，朴实而不拘挛，洒脱而有法度，远逾宋唐，直攀魏晋"。（郭沫若：《〈鲁迅诗稿〉序》）他的不少封面没有运用具体图像，而是用纯文字创造的视觉形象来表现寓意，这类作品首推《呐喊》。鲁迅俯视现实，扫荡黑暗，在一间"绝无窗户而万难破毁"

《热风》
鲁迅著
北新书局／一九二五年

《华盖集续编》
鲁迅著
北新书局／一九二七年

的"铁屋子"里，发出"不能抹杀的"希望的呼号。一九二六年七月，《呐喊》由北新书局印行第四版，鲁迅设计的封面为深红底色，正中上方是横长的黑色块面。色块内他题写的书名和作者姓名反成阴文，横列的"呐喊"二字像是利刃镌刻而成，文字四周围着同样是阴文的细线。风格深沉雄浑，充满力量，表现了《呐喊》忧愤深广的美学格调。《热风》则是两个红字印在洁白的封面上，极其简朴而又庄重典雅。汉字在鲁迅笔下变化无穷，《华盖集续编》是美术字与手绘图章相结合的佳作。"'华盖集'三个字是手写的宋体字，端正又不失活泼，没有了印刷体的呆板。'鲁迅'两个字用横写的外文，以配合横写的书名。下面大面积的留白，可以认为是鲁迅现代意识的体现。'续编'二字画成图章一方，用红色倾斜地印在书名之下，主从之分不言而喻。"（姜德明：《书衣百影》）印章的使用，为封面平添了金石的韵味。鲁迅绘制的美术字刊名别具一格，《奔流》为变体的黑体字，细线勾边，有种流动之感；《萌芽月刊》的美术字每一笔都由宽变尖变细，如破土而出的茁壮的幼芽。

《一个青年的梦》

（日）武者小路实笃著，鲁迅译
北新书局／一九二七年

《奔流》

第一卷第一期
北新书局／一九二八年

《萌芽月刊》

第一卷第一期
光华书局／一九三〇年

《两地书》

鲁迅　景宋著
青光书局／一九三三年

《桃色的云》

（俄）爱罗先珂著，鲁迅译
新潮社／一九二三年

《国学季刊》

第一卷第一号
北京大学／一九二三年

《心的探险》

高长虹著
北新书局／一九二六年

鲁迅赞佩"汉人石刻，气魄深沉雄大，唐人线画，流动如生"。（一九三五年九月九日致李桦信）他搜集研究中国古籍插图和石刻拓本，又把它们引入书籍装帧。《桃色的云》是俄国诗人爱罗先珂的童话集，鲁迅翻译并设计封面。纯白底色，鲁迅摹绘的由飞鸟、人物和流云组成的红色带状纹饰置于上部，有着石刻的意趣。与《呐喊》同样是红色，但没有《呐喊》的红的沉重，而是如朝霞般红的璀璨。左右连接的云朵，缥缈轻灵。图案下方的书名和作者名，用黑色铅字，简劲质朴。《国学季刊》选取汉代画像石刻图案装帧，竖排的刊名由蔡元培题写，古意浮漾的封面与内容表里呼应。《心的探险》是高长虹的诗文合集。"愤激的思路，常常在梦境和幻觉中搏击飞翔，采取灵魂独语、人鬼对谈和潜意识倏忽滑动的表现方式。其旨趣在反抗虚伪、反抗奴性、反抗平庸，以阴森得带有鬼气的意象，表达对真实的痛苦的渴望，追求压在石头底下如快死的小虫发出颤颤抖抖的悲鸣一般真实而卑微的'生命'。"（杨义：《中国新文学图志》）这本书由鲁迅选定，封面也是鲁迅设计，青色纸上印赭色图案。书的目录后注明："鲁迅掠取六朝人墓门画像作书面。"图案是挑选

《壁下译丛》

鲁迅译
北新书局 / 一九二九年

《小约翰》

（荷）望·蔼覃著，鲁迅译
未名社 / 一九二九年

《毁灭》

（苏）法捷耶夫著，鲁迅译
三闲书屋 / 一九三一年

墓门的图像加以组合，飞腾的龙，云间的群魔，散发着神秘和诡异，恰如原书中激荡着的峻急的呼叫和艰涩迷离的意象。

"拿来主义"是鲁迅对中外传统文化遗产的一贯主张，既不全盘继承，也不一概否定。他的书衣设计在吸收中国优秀文化遗产的同时，自然也有对异域文化的接纳。《壁下译丛》是鲁迅一九二四年到一九二八年之间翻译的文章，作者除一人为俄国人外，其余全是日本人。封面浅绿色底上的深绿色图案，颇有点抽象派的味道。鲁迅说："书面的图画，也如书中的文章一样，是从日本书《先驱艺术丛书》上贩来的，原也是书面画，没有署名，不知谁作，但记以志谢。"（《〈壁下译丛〉小引》）《小约翰》是鲁迅翻译的荷兰作家望·蔼覃的长篇童话，他认为这是一本"自己爱看，又愿意别人看的书"。再版时鲁迅设计封面。白色衬底下部是书名和著、译者姓名，上部采用勃仑斯的绘画《妖精与小鸟》，长了翅膀的小孩形象如同天使，令人见而生爱。苏联法捷耶夫的《毁灭》是表现一支游击队战斗历程的长篇小说。封面居中上方选了 N·威绥斯拉夫崔夫的插图中的一幅，原题是《游击队员》，读者从人

《萧伯纳在上海》

乐雯编，鲁迅序
野草书屋 / 一九三三年

《域外小说集》

鲁迅　周作人合译
东京神田印刷所 / 一九〇九年

物的神情可以感受到新生之前的血的洗礼的严峻。图的上方是书名和西文的作者名，下方是译者和出版者。鲁迅将外国插图用作封面的装饰，在现代书籍装帧中具有开创的意义。一九三三年二月，英国作家萧伯纳在他的东方之旅中插入了短暂的上海之行。当时上海中外报纸有不少对萧的报道与评论，鲁迅与乐雯（瞿秋白）选编成《萧伯纳在上海》，用野草书屋名义印行，署"乐雯剪贴翻译并编校，鲁迅序"。封面由鲁迅设计，铺满杂乱错落的中外报章，加上热烈的赭红色调，让人想到海上"看萧的人们"的喧闹："文人，政客，军阀，流氓，叭儿的各式各样的相貌，都在一个平面镜里映出来了"。（鲁迅：《〈萧伯纳在上海〉序言》）顶部则是萧的漫笔头像，眼神中有着冷峻。支离破碎图形的剪接拼贴，蕴含着象征和隐喻的色彩，有着构成主义的余绪。

　　拓荒者的劳作，最早的是《域外小说集》。一九〇九年三月，年轻的周树人和弟弟周作人在日本译出（署名"会稽周氏兄弟纂译"），自费由东京神田印刷所印出了第一册。新式装订，毛边，印得极为考究，但出版之后并未引起注意。几十年后，反观历史，人们才看到它横空出世的不凡超越。

鲁迅手稿选页

当时言情、冒险、侦探一类的翻译风行，译者却不随流俗，介绍弱小民族"为人生"的作品，无论是文学立场和翻译态度都难能可贵。"异域文术新宗，自此始入华土。"（《〈域外小说集〉序言》）杨义在《中国新文学图志》中由衷地赞扬《域外小说集》在晚清就预示着"五四"的价值，有难于比拟的超前性。它的与内容相称的由鲁迅设计的封面，杨义认为"似乎也是一个深刻的隐喻"：

> 青灰色"罗纱纸"上，印着请陈师曾依照《说文解字》的篆文样式题写的书名，其中把"域"字写作"或"、把"集"写作"△"，都保留住周氏兄弟听章太炎逐字讲解《说文解字》时的趣味，那种把复古和革命奇异地组合在一起的趣味。上方印着德国的图案画，一位希腊古装妇女，也许是缪斯在弹奏竖琴。她在绿荫浓密的山岗上，面对前方的旭日朝霞和欢乐地向上飞翔的白色鸟儿，似乎沉醉在美妙的音乐声中了。图案与题字，交融着东方的和西方的，古老的和新鲜的，于古雅、凝重而充满朝气的情调中，令人感受到一种开放进取的文化精神。

《而已集》

鲁迅著
北新书局／一九二八年

《接吻》

（捷）斯惠武拉著，真吾译
上海朝花社／一九二九年

《在沙漠上》

鲁迅等译
上海朝花社／一九二九年

《艺术论》

（苏）卢那卡尔斯基著，鲁迅译
大江书铺／一九二九年

《奇剑及其他》

鲁迅　柔石等译
上海朝花社／一九二九年

《小彼得》

（匈）H·至尔·妙伦著，许霞译
春潮书局／一九二九年

14

《梅斐尔德木刻士敏土之图》　《一个人的受难》　　　《木刻纪程》

（德）梅斐尔德　　　　　（比）麦绥莱勒作，鲁迅序　鲁迅编选
三闲书屋／一九三一年　　良友图书印刷公司／一九三三年　铁木艺术社／一九三四年

《引玉集》　　　　　　　《坏孩子和别的小说八篇》　《文艺研究》

鲁迅编　　　　　　　　　（俄）契诃夫著，鲁迅译　第一期
三闲书屋／一九三四年　　联华书局／一九三六年　大江书铺／一九三〇年

陶元庆：

东西方融成特别的丰神

陶元庆

《故乡》

许钦文著

北新书局／一九二六年

陶元庆是中国现代书籍装帧史上杰出的大家。

陶元庆，字璇卿，一八九三年生于浙江绍兴。他是鲁迅的学生、也是绍兴人的许钦文的最好的朋友。一九二四年前后，由许钦文介绍而结识鲁迅。毕业于上海师范专科学校的陶元庆，对中国传统绘画和西洋绘画都有广泛的涉猎、不俗的见识和深厚的修养。鲁迅赏识陶元庆，一再约请他设计封面，催生了一批中国新文学史上堪称绝品的封面佳作。

《苦闷的象征》的封面是陶元庆为鲁迅绘制的最早的一幅。日本厨川白村的这本文艺批评集，鲁迅翻译。厨川白村认为，"生命力受了压抑而生的苦闷与懊恼乃是文艺的根本"。人们为了排除"苦闷与懊恼"，就要运用文艺做武器进行战斗。白底上是红花和黑色、灰色线条组成的图案，内中有一个半裸的女性，用温柔的舌，舔着染了鲜血的三刺戟的尖头。忧郁中挣扎的形象，藏着无底的悲哀。鲁迅在书的《引言》中称赞陶元庆的封面，使《苦闷的象征》"被了凄艳的新装"。唐弢誉之为"人间妙品"。（《谈封面画》）一九二五年新潮社的初版封面图案为淡红单色，一九二六年北新书局再版改为三色套印，第十版为四色套印。新文艺书籍以图案进入封面设计似由此开始。

《彷徨》是鲁迅的第二部小说集，多写知识分子的彷徨。橘红色的底色上，以深蓝色的几何线条画着并列的三个人物，他们坐在椅子上百无聊赖地望着太阳。太阳昏昏沉沉、颤颤巍巍，正是落日时分。画家象征与写实兼具的笔意，恰到好处地表现了一种感到天之将晚，想有所行动，又缺乏果敢决心的精神状态。鲁迅说："实在非常有力，看了使人感动。"

厨川白村的另一本文艺评论集《出了象牙之塔》，也是鲁迅翻译的，他很欣赏这位评论家对文艺的"独到的见地和深切的会心"。（《〈苦闷的象征〉

《苦闷的象征》初版、再版、第十版和第十一版

《彷徨》

鲁迅著

北新书局／一九二六年

《出了象牙之塔》

（日）厨川白村著，鲁迅译

未名社／一九二五年

引言》）原由未名社出版，后归北新书局。封面左边大幅空白，右边一棵女倚树而望。"树身有麻点，刻'未名丛刊'四字，归北新后，此四字乃经剜凿，与麻点同列，一齐化作树皮矣。"（唐弢：《出了象牙之塔》）

俄国阿尔志跋绥夫的中篇小说《工人绥惠略夫》，一九二二年文学研究会初版。一九二七年改由北新书局出版时，鲁迅请陶元庆设计封面。底色纯白，上部深色的图案抽象却又具有中国元素。

杂文集《坟》的封面，色调低沉肃穆。"底色的外形非常特殊，棺椁与坟的排列及古木的地位，都是最好的设计，不能移动一点。全幅画的色的情调，颇含死的气息。"（钱君匋：《陶元庆论》）

《朝花夕拾》为鲁迅的回忆性散文集。陶元庆的封面画是一位古装白袍的女子，从花园里抱回一根残枝，枝上的花朵已经凋零，橘黄的底色加重了人生的秋意。书名和作者名字均为鲁迅手笔。

《唐宋传奇集》上下册是鲁迅手绘封面图样，而由陶元庆完成。汉画像石的风尚与书的内容得到相当贴切的结合。

《工人绥惠略夫》

（俄）阿尔志跋绥夫著，鲁迅译
北新书局／一九二七年

《坟》

鲁迅著
未名社／一九二七年

《唐宋传奇集》

鲁迅校录
北新书局／一九二七年

《朝花夕拾》

鲁迅著
未名社／一九二八年

《赵先生底烦恼》　　　　　《毛线袜》　　　　　　　《回家》
许钦文著　　　　　　　　　许钦文著　　　　　　　　许钦文著
北新书局／一九二六年　　　北新书局／一九二六年　　北新书局／一九二六年

　　许钦文是陶元庆终生不渝的亲知至好。他的小说、散文集的封面，几乎都出自陶元庆之手。一九二六年四月北新书局出版的《故乡》的封面，俗称《大红袍》，更是中国现代书籍装帧的经典。

　　一九三五年三月，许钦文在《人间世》杂志有《陶元庆及其绘画》一文，记叙了《大红袍》"诞生"的经过：

　　　　当时住在北京的绍兴会馆里，日间到天桥的小戏馆去玩了一回，是故意引起些儿童时代的回忆来的。晚上等到半夜后，他（陶元庆）忽然起来，一直到第二天的傍晚，一口气就画了这一幅。其中乌纱帽和大红袍的印象以外，还含着"吊死鬼"的美感。——绍兴在演大戏的时候，台上总要出现斜下着眉毛、伸长着红舌头的吊死鬼，这在我和元庆都觉得是很美的。

　　据许钦文回忆，鲁迅看到《大红袍》后很喜欢，说，"有力量；对照强烈，

《鼻涕阿二》
许钦文著
北新书局／一九二七年

《蝴蝶》
许钦文著
北新书局／一九二八年

《若有其事》
许钦文著
北新书局／一九二八年

仍然调和，鲜明。握剑的姿态很醒目。""这幅难得的画，应该好好地保存。"（《鲁迅和陶元庆》）为了保存这幅画，鲁迅亲自编选了许钦文的小说，结集成《故乡》，把《大红袍》用作《故乡》的封面。《大红袍》"描绘的是以绍兴《女吊》为蓝本的女性形象，用以装帧绘写稽山镜水之间的绍兴农家风物的小说集，是具有地方特色的"。（胡从经：《稽山镜水是吾家：〈故乡〉》）后来，鲁迅又用小说集《呐喊》的版税作为印刷费，帮助《故乡》出版。

《大红袍》确实不同凡响："画面上那半仰脸的姿态，重叠着绍兴戏《女吊》的影子，那本是'恐怖美'的表现，去其病态，而保留悲苦、愤怒、坚强的神情。蓝衫、红袍和高底靴为古装戏所习见，握剑姿势取自京戏的武生，洵是融合多样，而别见丰采了。"这是杨义在《中国新文学图志》中的评论。孙郁在《陶元庆的大红袍》中这样评说："《大红袍》是中国式的现代主义绘画。作品受社戏女吊的形象暗示，却没有了森然的鬼气，加以民间的血色的美，是介于妖艳和素朴之间的性灵之光。"

中篇小说《鼻涕阿二》的封面另有一番风貌。"鼻涕阿二"是《鼻涕阿二》

《仿佛如此》

许钦文著
北新书局／一九二八年

《一坛酒》

许钦文著
北新书局／一九三〇年

《往星中》

（俄）安德列夫著，李霁野译
未名社／一九二六年

中主人公菊花的诨号，因为她是"二胎女孩"。小说写了菊花的一生，揭露了封建宗法制度对妇女的戕害。全书诙谐的语调中有一种极好的反讽效果，封面却是一个扑蝶的半都会女郎。人物动作轻灵，蝶衣美丽。

《蝴蝶》《若有其事》《仿佛如此》等书的封面，皆悦目可赏。

陶元庆还为《白露》《语丝》《贡献》《矕篿》等杂志做过封面。钱君匋在《陶元庆论》中评论《白露》封面时曾引用画家自己的解说："一位女神，在眉月的光下，银色的波上，断续地吹着凤箫。那一树尊贵的花听得格外精神起来。"画的线条十分书法化，仿佛是赵孟頫的行书，遒劲而秀媚。

陶元庆的封面作品常用变形的人物装饰，既有民族的风格，又有西方的美感，获得普遍称誉。唐弢是很喜欢陶元庆的书封的，称许"作者天赋既佳，作画时又从来不肯苟且，故幅幅见工力，亦幅幅具巧思。"（《谈封面画》）许广平一九二六年十一月十五日在给鲁迅的信中说："觉得陶元庆画的封面很别致，似乎自成一派，将来仿效的人恐怕要多起来。"（《两地书》）

陶元庆是一位拥有现代性和民族性的画家。早在一九二五年，鲁迅在《〈陶

《白露》

第一期

泰东图书局／一九二六年

《语丝》

第四卷第一期

北新书局／一九二七年

《贡献》

第一卷第九期

嘤嘤书屋／一九二八年

元庆氏西洋绘画展览会目录〉序》中就充分肯定陶元庆对中国传统绘画和西洋绘画的涉猎和修养："在那黯然埋藏着的作品中，却满显出作者个人的主观和情绪，尤可以看见他对于笔触，色彩和趣味，是怎样的尽力与经心，而且，作者是夙擅中国画的，于是固有的东方情调，又自然而然地从作品中渗出，融成特别的丰神了。"一九二七年，他在《当陶元庆君的绘画展览时——我所要说的几句话》中说，"中国现今的一部份人，确是很有些苦闷"，"世界的时代思潮早已六面袭来，而自己还拘禁在三千年陈的桎梏里"，而"陶元庆君的绘画，是没有这两重桎梏的。就因为内外两面，都和世界的时代思潮合流，而又并未梏亡中国的民族性"。即是说，在中西两种异质的文化发生冲撞和会通的潮流中，陶元庆不仅没有泯灭民族性，又增添了"新的形和新的色"。学者钟敬文评论陶元庆："他的绘画的取材表现等方法，虽大概属于西方的，但里面都涵容着一种东方的飘逸的气韵。"（《陶元庆先生》）钱君匋曾对陶元庆存世不多的画作有过富有诗意的点评，如《卖轻气球者》："我们从他的笔尖上播下来的一线一色，可以看见卖轻气球者和轻气球一样轻飘

卖轻气球者

《鬻箩》

第一期

上海朝霞书店 / 一九二八年

《幻象的残象》

许钦文著

北新书局 / 一九二八年

《二月》

柔石著

春潮书局 / 一九二九年

的神情。"《落红》："题材简洁而朴实。表现瓶上的明暗,可以使一般作家瞠目。"钱君匋说："元庆的画每幅都是'新的形'、'新的色',且是'书法化'、'音乐化'的。""不被自然所桎梏,而能在他自己的心中活动,驱使自然,他确是配称'自然的父亲'。"(《陶元庆论》)

一九二九年八月六日,陶元庆在杭州突然患了伤寒,因医治不当而去世。赵景深在《哀陶元庆先生》中说,"他那分披的乔治桑式的长头发,沉静温和琵亚词侣式的脸",仿佛是他的形象标志,连同他的画作永留在友人心中。

一九三一年八月十四日夜,鲁迅披阅一九二八年北新书局出版的《陶元庆的出品》时,伤逝故友,在画集的空白页上写了如下文字:

此璇卿当时手订见赠之本也。倏忽已逾三载,而作者亦久已永眠于湖滨。草露易晞,留此为念。乌呼!(《题〈陶元庆的出品〉》)

辞质情深,读之令人动容。

陈之佛：

图案家的书籍装帧

陈之佛

《小说月报》

第十八卷第五号

商务印书馆／一九二七年

陈之佛是一位艺术上有着多方面建树的大师级人物。

图案家陈之佛，一八九六年生于浙江慈溪。十六岁考入杭州浙江省工业专门学校染织科机织专业，一九一六年毕业后留校教图案课。作为中国现代工艺美术的拓荒者，陈之佛创造了多个"第一"。留校的第二年，他就编出一本图案讲义，这是中国现代图案学的开山之作。一九一八年，他东渡日本成为东京美术学校（后改称东京艺术大学）工艺图案科第一名外国留学生，也是我国去日本学习工艺美术的第一人。一九二三年回国后，他创办了我国第一个图案讲习所。一九二九年，他举办了我国第一个图案装饰展览，出版了我国第一本图案参考资料——《图案》。第二年出版的《图案法 ABC》，则是我国现代第一本图案理论专著。陈之佛是中国现代工艺美术理论和工艺美术教育的一代宗师。

陈之佛是二十世纪中国工笔花鸟画的巨匠。中国的工笔花鸟画两宋时极盛，元代之后却日益凋零。明代的工笔花鸟画曾一度雄风大展，但直到清末民初，数百年间再无大家出现。二十世纪三十年代，陈之佛痛感当时工笔花鸟的沉寂萧条，决心投身工笔花鸟，融古汇今，远取旁搜，七八年后就形成了成熟的画风。二十多年的追求，陈之佛开创了工笔花鸟画的新境界。他的工笔花鸟线条细劲流畅，造型准确灵动，设色清新典雅，意境隽逸精美，直登宋元堂奥。他又在笔墨中融入图案画法和外国技法，"于承继传统中出之以创新，使古人精神开新局面，而现代意境得以寄托。"（宗白华）

陈之佛还是成绩斐然的书籍装帧艺术家。据研究者统计，陈之佛一生设计的图书、杂志的封面约有二百种，主要部分是杂志。

《东方杂志》一九〇四年创刊于上海，一九四八年停刊。它以时事政治

《东方杂志》

第二十二卷第一号

商务印书馆／一九二五年

《东方杂志》

第二十四卷第七号

商务印书馆／一九二七年

《东方杂志》

第二十五卷第二号

商务印书馆／一九二八年

《东方杂志》

第二十五卷第九号

商务印书馆／一九二八年

《东方杂志》
第二十五卷第二十三号
商务印书馆／一九二八年

《东方杂志》
第二十六卷第十三号
商务印书馆／一九二九年

为关注焦点，同时广泛涉及交通、商务、历史、舆地、文学、艺术等领域，是近代中国历史最长、影响最大的一种大型综合性杂志。从一九二五年第二十二卷起，到一九三〇年第二十七卷止（每卷二十四期），连续六年都是陈之佛做装帧设计（据袁熙旸《陈之佛书籍装帧艺术新探》，第二十六卷第七号后为陈之佛和裴芭香两人交替设计）。袁熙旸评论陈之佛的设计路线是"世界视野，中国气魄"。一方面"洋为中用"：

> 大量运用来自古埃及、古希腊、古波斯、古代印度、古代美洲以及西方文艺复兴直至新古典主义的各种装饰母题、装饰元素与装饰风格，通过中国式的经营布局、版式设计与字体运用，使之转化为中国式、民族化的艺术气质、艺术品格，严谨而不拘束，端庄而不死板，华丽而不艳俗，兼容而不驳杂，充分体现出多变而又统一的视觉形象特征。（《陈之佛书籍装帧艺术新探》）

《东方杂志》
第二十六卷第十七号
商务印书馆／一九二九年

《东方杂志》
第二十七卷第九号
商务印书馆／一九三〇年

另一方面，选用民族装饰纹样，保留鲜明的民族特色：

> 熟练运用汉代砖刻、隋唐刺绣、明清雕漆等不同的民族装饰素
> 材。(《陈之佛书籍装帧艺术新探》)

两者无不与《东方杂志》的内容主旨相契合。

《小说月报》也是个老牌杂志，一九一〇年在上海创刊，刊期长达二十二年。它曾是鸳鸯蝴蝶派的重镇，后经茅盾、郑振铎的革新，成为文学研究会的"喉舌"，新文学运动的阵地。第十八卷第一号有郑振铎（署名"西谛"）的《卷首语》，激情洋溢："一线新鲜的晨光，晒照在墙头，不知名的鸟在长着新叶之蓓蕾的树枝上宛转的清脆的歌唱着……那一线新鲜的晨光带来的是另一个光明的世界，是另一种坚贞的勇毅的青年的生活，是另一种充满了希望，充满了热忱，充满了兴趣的人生观念。"一九二七年至一九二八年，陈之佛应邀为第十八卷、第十九卷共二十四期杂志设计封面。他不再采用《东

《小说月报》
第十八卷第六号
商务印书馆／一九二七年

《小说月报》
第十八卷第七号
商务印书馆／一九二七年

《小说月报》
第十八卷第十二号
商务印书馆／一九二七年

方杂志》那样古代的历史的装饰语汇，而是以少女、少妇、女神等女性为主体形象，她们或在花丛草坪遐想，或在山野湖滨漫步，婀娜多姿，明朗健康。同时以西洋的表现手法（水彩、水粉、镶嵌、线描等）处理，或淡雅，或浓重，意趣各有不同，一扫以前《小说月报》封面的单调和呆板，强化了它作为新文学杂志的浪漫、活泼的风格，灌注了蓬勃生机。

　　二十世纪三十年代初期，欧洲的立体主义、构成主义、表现主义等新兴艺术潮水般涌入中国。陈之佛为《现代学生》第一卷设计的封面就借鉴了这一新风，强调"造型的抽象与变形，色彩的浓烈和对比"，"原先相互割裂的图形、文字与装饰，被组合进充满形式张力与视觉冲击力的构图与结构之中"，从而取得崭新的效果。但是，"构图的多变与形式的新奇，文字的设计忽视了信息的识别与传达，甚至出现了标题与图像不易辨别的缺点"。（袁熙旸：《陈之佛书籍装帧艺术新探》）陈之佛很快就意识到不足，设计第二卷第一期《现代学生》封面时就注意画面的简化，画家在借鉴中融入自己的思考。

　　《文学》是郑振铎一九三三年创办的大型文学刊物，第一卷至第四卷的

《现代学生》

第五期

大东书局／一九三一年

《现代学生》

第八期

大东书局／一九三一年

《现代学生》

第九期

大东书局／一九三一年

《现代学生》

第十期

大东书局／一九三一年

《文学》

创刊号

生活书店 / 一九三三年

《文学》

第二卷第一号

生活书店 / 一九三四年

《创作与批评》

创刊号

虹社 / 一九三四年

封面也是由陈之佛设计的。与《东方杂志》《小说月报》《现代学生》相比，他的装帧艺术手法又有所不同。创刊号封面中飞驰的火车、奔腾的骏马、高大的厂房、飞转的车轮，造型简洁，风格现代，显示了陈之佛对新兴艺术的吸收和转化。

《创作与批评》的简化和抽象，《新中华》的古朴和厚重，机杼各出，都令人过目难忘。

陈之佛采用多样的艺术表现手法，或以古代纹饰组合，或以人物为中心，或以几何图案造型，追求装饰的美感，探索期刊不同的艺术格局。即如对各卷的内页、目录，也做了不同的装饰设计。同时，他统筹全局，着意于期刊整体形象的一致性与连贯性的营造。期刊封面，有的是一卷中每期更换一个画面一种形式，或隔几期更换一个画面一种形式；有的是一卷用同一个画面，保持一种形式，而颜色则期期变化。他在期刊封面设计上的突破和创造，具有开拓性的意义。

陈之佛书籍封面的设计也堪称多姿多彩。

《新中华》
第三卷第一期
中华书局／一九三五年

《忏余集》
郁达夫著
天马书店／一九三三年

《创作的经验》
楼适夷编
天马书店／一九三三年

　　《忏余集》，郁达夫的小说散文合集。封面边框是由先秦青铜纹饰组成的图案，框内楼台亭阁，青山烟树，也完全是图案化了的风景，典雅古朴。

　　《创作的经验》，楼适夷编。全书收鲁迅、郁达夫、茅盾、洪深等有关创作经验的文章，可贵的是文章都是首发而非转载。封面浅黄与嫩绿相间，在古代图案构成的连锁式花纹的底纹上，是鲁迅手书的书名，简朴端庄。

　　《恋爱日记三种》，女作家吴曙天著。少女的形象秀美而略带神秘，仍然是图案化了的人物。红心、烛光，圆与直线组合的手法新颖，颇具现代气息。

　　《英雄的故事》，高尔基著。封面右侧对称的雄鸡图案有古希腊、古埃及的韵味，色彩明快雅致，左侧书名竖排，左右呼应，构图稳定严谨。

　　陈之佛封面设计的侧重点在于书衣的装饰美化，与书刊内容大多没有关联，更不是内容的具体描摹。一九三三年，上海天马书店出版的黎锦明的中篇小说《战烟》，描写前一年一月二十八日，日本侵略者进犯上海，上海军民奋起抗战的情景。陈之佛用飞机和枪林组成的画面，表现了军民的同仇敌忾。这样的处理，在他的书装作品中并不多见。

春朝鸣喜

《恋爱日记三种》　　　　《英雄的故事》　　　　《战烟》

吴曙天著　　　　　　　（苏）高尔基著　　　　黎锦明著

天马书店／一九三三年　　天马书店／一九三三年　　天马书店／一九三三年

　　运用几何图形、中国古代器物的装饰纹样等组成的工艺图案为基调，巧思迭出，千变万化，是陈之佛书装设计的鲜明特色。我们从他匠心深意的作品中感受到非凡的艺术魅力。他的书籍装帧活动前后延续三十余年，一九二五年到一九三六年的十余年为高峰时期。此后，随着专业兴趣向工笔花鸟画转移，加之艺术教育极为繁忙，他的书装创作已经很少，实在可惜。

　　一九六二年，陈之佛病逝于南京。

丰子恺：

书衣漫画的人间情味

丰子恺

人散后，一钩新月天如水

丰子恺，一八九八年生于浙江桐乡，一九七五年逝世。一生成就众多，领域宽广。作家和漫画家的丰子恺为人熟知，而书籍装帧艺术家的丰子恺却常被忽略。在中国现代书籍装帧史上，他是一位杰出的先行者。

丰子恺毕业于浙江省立第一师范，曾执教上海专科师范学校。后东渡日本，一九二一年回国。一九二二年，在浙江上虞春晖中学任教时开始了漫画创作。子恺漫画描绘的是乡土风情、下层人物、儿童百态、世俗生活，大都以毛笔绘成，线条简练得书法之妙。"不以讽刺、滑稽见长，而是体现出更多的抒情性和诗意"。（陈星：《丰子恺漫画研究》）他"第一个把漫画引入封面"。（姜德明：《单纯的美》）风格独异而为世人瞩目，开创出书籍装帧艺术的新局面。

俍工的《海的渴慕者》，一九二四年印行。封面为一裸体男性坐在岩石上，面对大海，海天交接处太阳正在升起。人物画得较为写实，而大海则用图案处理。全用咖啡色绘就，表现出一种单纯的美。研究者认为，这是目前所见的丰子恺将人物画面用于书衣装帧的最早的作品。

《我们的七月》和《我们的六月》是文学研究会部分会员编的一个同人丛刊，一九二四年七月和一九二五年六月先后出版。版权页上标明的编者是O.M.，应是"我们"的拼音代号。"我们"的主要成员为朱自清、俞平伯和叶圣陶。俞平伯编《我们的七月》，朱自清编《我们的六月》，两书均由丰子恺设计封面。前者，草丛，田野，飘动的柳枝，雨后的彩虹，全部用天蓝的颜色画出；后者，芭蕉，浓荫下正在阅读的赤背少年，所有物象在绿色底色上反白而成。两幅画都是用写意笔墨，自然潇洒，漫味十足。单一的冷色，使读者仿佛感到炎炎夏日里清风徐来的愉悦。毛笔书写的书名和时间，放在

《海的渴慕者》

俍工著

民智书局／一九二四年

《我们的七月》

O.M. 编

亚东图书馆／一九二四年

《我们的六月》

O.M. 编

亚东图书馆／一九二五年

封面的底部，反白处理，异常醒目。《我们的七月》中刊出了漫画《人散后，一钩新月天如水》，这幅画后来成为丰子恺的经典名作。

"人间多可惊可喜可哂可悲之相，见而有感，辄写留印象。"（《子恺漫画润例》）这是丰子恺对自己漫画的"自白"。但用在书衣上的漫画，则多为充满诗趣的抒情之作。罗黑芷的《醉里》，注视酒瓶的醉汉神态，已不只是微醺了；宏徒的《文坛逸话》，正在高谈阔论的先生们，又该有逸闻可录；王文川的《江户流浪曲》，独坐小船低头沉思的，不正是流浪者的形象？张孟休的《黄昏》，那倚门望月的女郎，满腹心事无处诉说。俞平伯说，漫画"其妙正在随意挥洒，譬如青天行白云，卷舒自如，不求工巧，而工巧自在"。"一片的落花都有人间味，那便是我看了子恺漫画所感"。（《以〈漫画〉初刊与子恺书》）他的书衣恰是含着"人间味"的片片落英。

《音乐的常识》的封面，居中是一棵枝繁叶茂的大树，一对裸体男女靠着树身，相背席地而坐。一人在吹奏，一人在弹拨，画面的音乐感与书的内容切合。丰子恺只用红绿两色，主旨鲜明突出。

《醉里》

罗黑芷著
商务印书馆／一九二八年

《文坛逸话》

宏徒著
商务印书馆／一九二八年

《江户流浪曲》

王文川著
开明书店／一九二九年

《黄昏》

张孟休著
东华书屋／一九三〇年

《音乐的常识》

丰子恺著
亚东图书馆／一九二五年

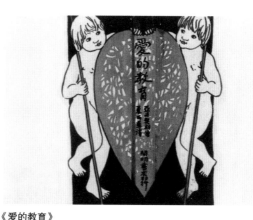

《爱的教育》

（意）亚米契斯著，夏丏尊译
开明书店／一九二七年

　　《爱的教育》是意大利作家亚米契斯（一八四六年——一九〇八年）采用日记体写的小说，夏丏尊翻译。译者在《序》中说："书中叙述亲子之爱，师生之情，朋友之谊，乡国之感，社会之同情，都已近于理想的世界。"这本书在中国读书界影响很大，一九二六年出版后多次再版。丰子恺为一九二七年第三版《爱的教育》设计的封面，历来受到读者的赞誉。封面以书脊为中心，画了一颗大红心，两个裸体幼童，分别站在红心的两侧。他俩一手扶红心，一手执神箭，聪慧安宁。书名等安排在书脊上。封面用米黄色书面纸，橘黄和焦茶两色套印。乍一入眼，温馨的亲和力就油然而生。

　　谢冰莹《从军日记》的封面漫画，是丰子恺二女儿阿仙的作品。谢冰莹非常喜欢这幅洋溢着孩子稚气、天真活泼的画面，在书前写了《几句关于封面的话》，说："虽然只是四五个民众，但何尝不可代表四五千万，或者四五万万呢？说他们是孩子也好，是老人也好，成人也好，总之他们是革命的民众。"她尤其喜爱画中骑在马（冰莹命名为"革命的动物"）上的阿仙，"小革命家更是万般的勇敢，高举鲜红旗帜，立起来直往前奔"。

《从军日记》

谢冰莹著

春潮书店 / 一九二九年

《西洋画派十二讲》

丰子恺著

开明书店 / 一九二六年

《近代艺术纲要》

丰子恺编

中华书局 / 一九三四年

　　丰子恺的漫画书衣多以人物为主，而人物常常只是勾画出一个轮廓。构图讲究装饰性，用色不多。书名题字多用毛笔。他的书衣设计中，有一部分没有使用漫画，或只是毛笔题签，不加任何装饰，或用图案表现。《西洋画派十二讲》封面白色铺底，正中是三支油画笔直立在圆形的黑色调色板上，笔的上端有展开的鹰翼。顶部的黑色色块内有绿色的手写书名，色块下边和调色板的周围为绿色晕带。《近代艺术纲要》横排的书名下，图案只是以大树下两只对称的鹿的形象为主体加以变化组合，仅用蓝色印刷，大方素朴。

　　丰子恺在《〈君匋书籍装帧艺术选〉前言》）中说，封面装帧"当然可以采取外国装帧艺术的优点，然而必须保有中国的特性，使人一望而知为中国书。这样，书籍便容易博得中国广大群众的爱好"。这段话说在上世纪六十年代，但这样的认识则植根于丰先生书籍装帧的始终。卢冀野《绿帘》封面中那垂下的细密竹帘，帘外的朦胧树影，双飞燕子，帘内窗台上的猫和茶壶、茶杯，营造出明媚春日的幽静。竹帘、茶壶的融入，又彰显了中国特色。钟敬文《西湖漫拾》的封面，在丰子恺的书装作品中似是个例外。上半部占封

《绿帘》

卢冀野著

开明书店／一九三○年

《西湖漫拾》

钟敬文著

北新书局／一九二九年

面几乎一半的画面，没有人物，只是寥寥几笔草草勾出的风景。我们只能从西湖引发联想，读出画里的近处小桥、堤岸垂柳、天上圆月、湖中游船。书名、作者姓名则用铅字排列。高度概括的象征手法，极为简洁。好的作品不限于形式的具象和抽象。

丰子恺除了封面设计之外，还画了很多插图。俞平伯的诗集《忆》，回忆童年生活，作者说，童年"只要它们在刹那的情怀里，如涛底怒，如火底焚煎，历历而可画，我不禁摇撼这风魔了似的眷念"。（《〈忆〉自序》）风格"惆怅而纯真"。（佩弦：《〈忆〉跋》）全书收入诗三十六篇，丰子恺配了十八幅插图。如第十一首写道："爸爸有个顶大的斗篷。／天冷了，它张着大口欢迎我们进去。／谁都不知道我们在那里，／他们永远找不着这个地方。／斗篷裹得漆黑的，／又在爸爸的腋窝下，／我们格格的笑：／'爸爸真个好，／怎样会有了这个又暖又大的斗篷呢？'"插图中"爸爸"围个大斗篷，斗篷下鼓鼓地藏着什么，笑嘻嘻地走过来。诗情画意中充满着童真童趣。

丰子恺的扉画、题图，生活气息厚重，着笔洗练传神又具装饰性。《小

《忆》插图选页

48

《文学大纲》环衬

《小说月报》扉画选页

《一般》扉画选页

《子恺漫画》　　　　　　　　　《稻草人》

丰子恺著　　　　　　　　　　　叶圣陶著
文学周报社 / 一九二五年　　　　开明书店 / 一九三二年

说月报》中围炉编织的女性，《一般》中仰首望月的友朋，只是生活中的一个断片，已足以逗人兴味，引人遐思了。

丰子恺说：

> 书籍的设计，不仅求其形式美观而已，又要求能够表达书籍的内容意义，是内容意义的象征。这仿佛是书的序文，不过序文是用语言文字来表达的，装帧是用形状色彩来表达的。这又仿佛是歌剧的序曲，听了序曲，便知道歌剧内容的大要。（《〈君匋书籍装帧艺术选〉前言》）

丰先生一支支动听的"序曲"，我们百听不厌，萦回心怀。

《结婚的爱》

（英）玛丽·司托泼著，C.Y. 译

朴社／一九二四年

《踪迹》

朱自清著

亚东图书馆／一九二四年

《绵被》

（日）田山花袋著，夏丏尊译

商务印书馆／一九二七年

《近代日本小品文选》

谢六逸译

大江书铺／一九二九年

《影儿》

林憾著

北新书局／一九二九年

《猫叫一声》

丰子恺著

万叶书店／一九四七年

孙福熙:

风景画家的简洁高雅

孙福熙

《山野掇拾》

孙福熙著

新潮社／一九二五年

回顾中国现代书籍装帧史，画家、散文家孙福熙是不可或缺的一位名家。

孙福熙，字春苔，一八九八年生，浙江绍兴人。他的哥哥、散文家孙伏园，原名孙福源，曾是鲁迅在绍兴山会初级师范学堂任教时的学生。一九一九年，孙福熙随伏园来到北京，经鲁迅介绍在北大旁听，兼做图书馆管理员的工作。一九二〇年赴法国勤工俭学，学习绘画和雕塑。一九二五年回国，任教杭州西湖艺术学院。

孙福熙早年与鲁迅过从甚密，和陶元庆、司徒乔一样得到鲁迅的提携和帮助，在书籍装帧艺术上崭露头角，留下了至今为人称道的书装佳作。

一九二五年二月出版的《山野掇拾》为孙福熙的处女作。这本从日记中摘录的游记，记下他一九二二年暑假在法国里昂乡间写生的种种见闻，美丽的村庄，淳朴的乡民，异国的风情和着浓浓的乡愁。朱自清称赞孙福熙文字的画工与诗意："乍看岂不是淡淡的？缓缓咀嚼一番，便会有浓密的滋味从口角流出。"（《山野掇拾》）鲁迅为《山野掇拾》的编校出版花费了好多心血。孙福熙在赠给鲁迅的《山野掇拾》的扉页上写道："豫才先生：当我要颓唐时，常常直接或间接从你语言文字的教训得到鞭策，使我振作起来；这次，你欲付印《山野掇拾》也无非藉此鼓励我罢了。我不敢使你失望，不得不重新做起；而我没有时候再来说着书中的缺点了。"感激之情，流出胸臆。

孙福熙的书装设计就是从《山野掇拾》起步的。灰色纸面，居中一幅画，画和书名、署名都是孙福熙的手笔。画是书中的四幅插图之一，题为《扣动心弦深处》。作家在同题散文中描述自然之美：

　　曲折起伏的山径，夹在岩壁间，从十分静寂中表示严肃。太阳

《忆》
俞平伯著
朴社／一九二五年

《伏园游记》
孙伏园著
北新书局／一九二六年

《大西洋之滨》
孙福熙著
北新书局／一九二五年

由左边的岩顶上透射而下，使岩石，矮树，山径以至于石隙间的苔藓，都融成一气；但一样的照临，各样的吸收，各不失其所有的高下，曲直，远近，精粗，新旧，浅满，清浊，刚柔，肥瘦，冷暖，动静，敏顽与哀乐等等的本色——这是画家所当知道的，因为他们本身原来各是画家呢。

被美景所吸引来的游人的步声，自远而近，扣动心弦深处；倘若听到这音乐的人是真的美术家，他的纸上当已留着这真正的乐谱与歌曲了。

中国画的布局构图，西洋水彩的画法，深浅浓淡的各种绿色赋予画面以诗意的韵致。

《山野掇拾》出版的同年十二月，朴社出版了俞平伯的诗集《忆》。一本相当于四十开的小书，写童年"薄薄的影"，"仙境似的灵妙，芳春似的清丽"。（朴社广告语）孙福熙用线描的插花瓷瓶与香炉组合的画面，印在古色古香

《归航》
孙福熙著
开明书店／一九二六年

《北京乎》
孙福熙著
开明书店／一九二七年

《春城》
孙福熙著
开明书店／一九二七年

的虎斑笺上。全书由作者自书，连史纸影印，丝线穿订，端庄雅致，耐人咀嚼。周作人撰文称赞这本小诗集为"Edition de Luxe（美装本）"。（《〈忆〉的装订》）

《伏园游记》是孙伏园游记的结集。全书共分四题，其中《长安道上》记述作者一九二四年陪同鲁迅去西安讲学的经历，为后世鲁迅研究留下了宝贵的资料。孙福熙设计封面，他为乃兄的画像，颇为传神。书名为蔡元培题签，并有"孑民"朱文名章。

一九二六年前后，孙福熙的散文集《大西洋之滨》《归航》和《北京乎》先后问世。开明书店《归航》的广告说孙福熙"用画家的笔致，抒写诗人的情绪；凭冷静的头脑，观察纷扰的世态"，可以看作是对他诗意画趣散文特色的概括。三本书都是孙福熙自绘封面。无论是海上帆影，还是枝头鸟鸣，皆具神韵，纯然水墨作风。

孙福熙的书装名作是鲁迅《野草》的封面。《野草》，一九二七年七月由北新书局出版，收鲁迅一九二四年九月至一九二六年四月所作散文诗二十三篇。在北洋军阀统治下的北京，鲁迅说："有了小感触，就写些短文，夸大点说，

《野草》

鲁迅著
北新书局／一九二七年

《小约翰》

〔荷〕望·蔼覃著，鲁迅译
未名社／一九二八年

就是散文诗"。(《〈自选集〉自序》)"因为那时难于直说，所以有时措辞就很含糊了。"(《〈野草〉英文译本序》)"《野草》以奇诡、绮丽、沉郁的意象，写地狱，写墓碣，写初生时的阿谀，写既死后的烦厌，写鬼眼的夜空，写冰结如珊瑚枝的死火，处处鬼斧神工，匪夷所思，却在怪异意象中直逼一颗痛苦而坚毅的心灵，形成了一个可以评说却永远诠释不尽，可以不断地领悟其哲理意蕴却历久谈论不完的奇特的美学世界。"(杨义：《中国新文学图志》)

《野草》封面由深灰与草绿两色套印。广袤大地，无边天宇，密云急雨，使人有一种压抑之感，但稀疏而挺秀的野草却绽出生命的绿色，线条飞动，极富张力。书名和"鲁迅先生著"系由鲁迅题写。鲁迅在《题辞》中说："野草，根本不深，花叶不美，然而吸取露，吸取水，吸取陈死人的血和肉，各各夺取它的生存。当生存时，还是将遭践踏，将遭删刈，直至于死亡而朽腐。""地火在地下运行，奔突；熔岩一旦喷出，将烧尽一切野草，以及乔木，于是并且无可朽腐。"画家从一个侧面诠释了野草的寓意。

荷兰作家望·蔼覃的长篇童话《小约翰》，鲁迅翻译。未名社初版本由

《思想·山水·人物》　　　　　《北新》

（日）鹤见祐辅著，鲁迅译　　创刊号
北新书局／一九二八年　　　　北新书局／一九二六年

孙福熙设计封面，左边是海滨高山，右边一裸身小孩，举手向着天上的月亮，蓝色印刷。画面有一定的意境，只是形象过于写实，缺少童话应有的梦幻色彩。

鲁迅翻译的日本评论家鹤见祐辅的《思想·山水·人物》，封面也是孙福熙设计。浅绿色铺底，中央小图是细线勾出的旷野、云团和翱翔的雄鹰。图的上下分别为书名、作者、译者和出版者、出版时间。色彩淡雅，笔墨简洁。鲁迅曾为《思想·山水·人物》亲拟广告："这是一部论文和游记集，着意于政治，书中关于英美现势及人物的评论，都有明确切中的地方，滔滔如瓶泻水，使人不觉终卷。"

孙福熙从法国回国以后，曾主编北新书局的《北新》。这份杂志创刊于一九二六年八月二十一日，周刊共出五十二期（后改半月刊），其中前三十多期为孙福熙负责。从编辑、写稿到版式装帧，集于一身，样样躬亲。仅以封面而言，或选用图片，或手绘画面，无一雷同。

《北新》第二期（一九二六年八月二十八日）封面是孙福熙画的女作家陈学昭的速写。他与陈学昭一九二五年前后曾有一段恋情，杭州西子湖畔印

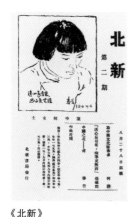

《北新》
第二期
北新书局／一九二六年

《北新》
第十八期
北新书局／一九二六年

有这对情侣的足迹。这段时间陈学昭写的散文结集为《烟霞伴侣》一书，由孙福熙作序并插图，北新书局出版。孙序中称许女作家值得珍重的出于真诚的书写。速写表现了女作家的青春风采。

《北新》第十八期（一九二六年十二月十八日）首发了鲁迅的《〈阿Q正传〉的成因》。鲁迅在文中叙说了这篇小说写作的经过，一九二一年十二月四日在孙伏园编辑的《晨报副镌》上开始连载，还是伏园"催生"出来的。封面上一个大的红色的Q，像是一条绳索，阿Q头上的长辫构成了绳索的绾结，引人注目的形象似乎在拷问国人的灵魂。

一九二七年十月，孙福熙脱离北新书局，接近新月派，后与孙伏园合办嘤嘤书屋，出版《贡献》杂志（这个杂志一般看作是国民党改组派的刊物）。种种原因，导致鲁迅对孙氏兄弟产生了一些看法，双方有了隔膜，关系日渐疏远。后孙福熙再度赴法，学习文学和艺术理论。一九三一年回国，续任杭州艺专教授，从事艺术教育。这期间，他曾为自己的小说集《春城》和主编的杂志《艺风》设计过封面，此外很少见到他的书籍装帧作品了。一九四九

春水的波纹移向岸边渺逝，愁烦也寄随着片片的白
云归去

湖山在这里新添了晚装

《烟霞伴侣》插图选页

《艺风》
第一卷第一期
艺风杂志社／一九三三年

《艺风》
第二卷第一期
艺风杂志社／一九三三年

《艺风》
第四卷第七期至第九期合刊
艺风杂志社／一九三六年

年后，在北京人民教育出版社任编辑，一九六二年去世。一九五七年孙福熙被列入"右派"另册，二十多年后才得到改正。

孙伏园评论孙福熙的绘画，认为弟弟"少画静物，少画肖像，少画人体"，是个"趋向大自然"的"风景画家"。画面"少用极大的篇幅，少用猛烈和幽暗的色彩，少用粗野与凶辣的笔触"，表现的只是"温和的，娇嫩的，古典的空气"。"少有想象的拼图，新奇的装饰和空虚的画材"，"作品充分表现真实的描写"。（《三弟手足》）

孙福熙书装艺术的特色，也大体如是：画面题材以山水为多，多以水墨、水彩出之，简洁流畅，气质高雅。

闻一多：

画家和诗人的才情

闻一多

梦笔生花

　　诗人和学者闻一多，原是画家和书籍装帧艺术家。

　　闻一多，原名闻家骅，一八九九年生于湖北浠水。一九一二年进入清华学校，"曾以图画冠全级"。他发起并成立了有五十多人参加的美术社，担任过《清华年报》《清华学报》图画副编辑、《清华周报》（英文版）图画编辑。一九二一年毕业前夕，闻一多为《清华年刊》设计的十二幅专栏题图，显示了年轻画家的不凡身手。其中《梦笔生花》借李白少年时梦见笔头生花，于是天才焕发闻名天下的典故，表现当年清华学子报效国家的抱负。题图采用界画的形式，极具装饰美感；线条工细洒脱，充满灵动韵致，最见才情。一九二二年闻一多去美国留学，就读芝加哥美术学院，主攻绘画。一九二五年回国，任北京艺术学院教务长。学院西洋美术系主任徐悲鸿未到校之前，他还兼任代主任。

　　闻一多对杂志的封面装帧颇为关注。早在一九二〇年四月就有《出版物的封面》一文（《清华周刊》第一八七期），对当时的刊物，包括《新青年》《小说月报》《妇女杂志》等名牌杂志，给予相当真切大胆的评论。他斥责一些低级庸俗的"美人怪物封面"，认为一文不值。他说："中国现代出版物的封面图案的艺术，笼总我可以送他两个字：太差。"他指出，"封面可以引起买书者注意；可以使存书者因爱惜封面而加分地保存本书；美的封面可以使读者心怡气平，容易消化并吸收本书的内容以及传播美育"等，即封面的招引、保存、愉悦以及辅助美育、传播美术的功用。他理想中美的封面图案，应是"不专指图案的构造，连字体的体裁、位置，他们的方法、同封面的面积，都是图案的全体的元素"。因此，他强调，一幅好的封面，必须合乎艺术美的规律，"如条理（order）、配称（proportion）、调和连属

《玉君》

杨振声著

朴社／一九二七年

《落叶》

徐志摩著

北新书局／一九二六年

《巴黎的鳞爪》

徐志摩著

新月书店／一九二七年

的或象征的意义"，又"不宜过于繁缛"。闻一多对现代装饰艺术理论的探讨，尽管有的论述不免有所偏激，但无疑是书籍装帧艺术史上振聋发聩的空谷足音。

闻一多归国后到抗战之前的几年，大学教书之余着力较多的也是书籍封面设计。

《玉君》封面是闻一多早期的作品。杨振声的这部长篇小说描写了一对恋人的曲折恋情。一九二七年朴社再版本的封面，篆文题签，一位武士骑在骆驼上，怀抱美女，大有《天方夜谭》的故事风味。武士和骆驼在朱红底色上反白，背景上显出黑色的人影。

徐志摩与闻一多的交谊很好，他的散文集《落叶》和《巴黎的鳞爪》都是闻一多设计封面。《落叶》是几片橙黄的枫叶，翻卷着徐徐飘落，颇具中国画的韵味；《巴黎的鳞爪》（书名少"的"字）则是耳、目、口、鼻、舌五官和手、脚肢体，东鳞西爪地散布在黑色的背景之中，色彩交错，变幻炫目，充满现代派气息。

 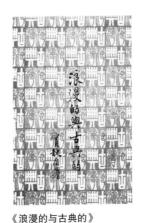 

《骂人的艺术》
秋郎著
新月书店／一九二七年

《浪漫的与古典的》
梁实秋著
新月书店／一九二七年

《红烛》
闻一多著
泰东图书局／一九二三年

梁实秋也是闻一多的好友，作品封面自然多出自一多手笔。署名"秋郎"的《骂人的艺术》是杂文集。作者在《自序》中说：书"里面有的，只是'闲话'、'絮语'、'怨怒'、'讥刺'、'丑陋'和各式各样的'笑声'"。封面手持剑戟、鼻子上涂着白粉的丑角与女神维纳斯雕像组合在一起，如此反差，自有文章。文艺评论集《浪漫的与古典的》的封面，以"古典""浪漫"的阳文阴文印章铺满，正中压在印章之上的是毛笔书写的书名和作者姓名，潇洒从容。

《红烛》是闻一多的第一部诗集，一九二〇年至一九二六年在清华学校写就。诗集中的《太阳吟》《红豆》都是留驻新诗史的名篇，佳句"红烛啊！'莫问收获，但问耕耘'"至今依然鼓荡人心。一九二三年自费由上海泰东图书局印行时，闻一多还在美国留学。他虽然对书的封面设计有过不少想法，但终因费用开支及印刷工艺等诸多限制，不能如愿。白底红字，蓝条边框，有点粗简。不过，唐弢书话中"装帧粗俗，殊不美观"（《革命者！革命者！》）的评语，则过于苛刻。

闻一多回国之后的诗作集为《死水》，一九二九年新月书店出版。《死水》

《死水》

闻一多著
新月书店／一九二九年

《死水》环衬

的装帧是闻一多最富诗意、最具个性的作品。封面和封底均采用不发光的黑纸，上方位置各贴上一个金色的签条。签条文武边的线框里，以大小不同的宋体排出书名和作者名字。黑色的沉重，使人感到苦闷压抑，如同面对"一沟绝望的死水"；金色的璀璨，则让人看到希望。《新月》杂志称誉《死水》封面"新颖并且别致，是现代新书中第一等的装帧"。书的环衬上无数战马奔腾，骑士们手执盾牌，高举长矛，冒着箭雨疾进。封面内外，静与动，繁与简，对比呼应，寓意深刻，显示了《死水》的基调和诗风。

徐志摩生前的最后一本诗集《猛虎集》，收诗四十一首，内有脍炙人口的《再别康桥》。闻一多手绘封面，初看仅是鲜黄的底色上涂抹了几笔浓黑，但展开封底，前后相连，竟然是一张斑斓的虎皮。中国写意画法与西方现代艺术抽象性语言结合，自然天成，让人叹服画家的妙构巧思。

林庚的诗集《夜》，一九三三年夏自费出版，开明书店总经售。林庚当时是清华大学中文系的学生，书的封面由他的老师闻一多设计。主体图案选用了美国版画家肯特的一幅题为《星光》的木刻，闻先生做了一些添加

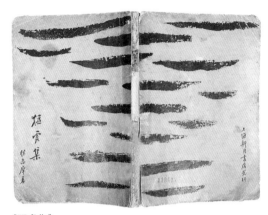

《猛虎集》

徐志摩著
新月书店 / 一九三一年

《夜》

林庚著
开明书店 / 一九三三年

和修改。研究者有如下分析："画幅左下方加入了一个标列书名、作者名的绿底方框，略微延续了《新月》杂志和《死水》书封纸签风格；《星光》原作，'人'是仰卧在船帮的，看起来船又像是泊于冰洋之中，闻作则模糊了水上背景。同时，为了与书名方框保持均衡，在画幅右下方又补入了一段石梯、一只中国古代传说中的神兽——天禄石雕及其膨胀的阴影。"（金小明：《闻一多书装二题》）

《新月》封面，形式与众不同。一九二八年创刊的《新月》杂志，徐志摩、梁实秋、闻一多都是编辑成员。梁实秋回忆：闻一多那时"正醉心于英国十九世纪末的插图家璧尔兹来（现通译比亚兹莱），因而注意到当时著名的'黄书'（The Yellow Book），那是文图并茂的一种文学期刊，形式是方方的。《新月》于是模仿它，也用方的形式，封面用天蓝色，上中贴一块黄纸，黄纸横书宋楷'新月'二字。"（《〈新月〉前后》）方方的形式在当时的出版界有令人耳目一新之感，可以说《新月》为海上"方型杂志"的先声。

闻一多书装设计作品数量不多，但在中国现代书装设计中独领风骚，

《新月》

《新月》中的《死水》广告

第一卷第一号

新月书店／一九二八年

足可传世。

  闻一多画作存世而最有名的是一九二七年为《冯小青》绘制的一幅插图。《冯小青》，闻一多的清华同学、学者潘光旦著，叙述我国明代的一位才女冯小青，婚后被人遗弃，抑郁而死的故事。闻一多的插图，采用中国传统的线描手法，融合西洋绘画的技法，表现了对镜愁思的冯小青凄苦孤独的情态。这幅画，潘光旦名之为《对镜》，堪称中国二十世纪二十年代人物画中的珍品。学者孙郁说："读后有一种忧戚的律动。这一幅画让我体味到了作者内心苦楚的一面，他对世间的打量，是有无量的哀戚的。你看他那时写的诗，不也有悲伤的地方？一个学者有了这样的心，就不会落入庸俗之地，高贵的思想，是不易被轻易抹杀掉的。画与文乃人的个性的底片，感化的是人内心本然的存在。像闻一多这样的人，生命本身就是诗与画，几十年过后重温其书，依然让人心动。"孙郁感叹："中国知识界现在缺少的，也正是这样的真人。"（《画与文》）

  建筑学家、书画家、同济大学陈从周教授，近五十年前评论闻一多为《落

《冯小青》插图选页

《石达开诗钞》

卢冀野编
泰东图书局／一九二七年

《玛丽玛丽》

（英）司蒂芬士著，徐志摩等译
新月书店／一九二七年

叶》《巴黎的鳞爪》和《猛虎集》所做的书装设计：

> 三张封面代表了三种不同的风格。《落叶》是空灵秀逸，《巴
> 黎的鳞爪》已趋于简洁，到了《猛虎集》的时期则泼辣遒劲，概
> 括性极强了。（《也谈闻一多的封面画》）

东方文化和西方文化在这里相遇，闻一多书装设计追求的"是融合两
派精神的结晶体"（《征求艺术专门同业者的呼声》），浸润其中的是画意和
诗情。

闻一多一九四六年被国民党特务暗杀。

回顾先生由画家，而诗人、学者，而战士，四十七年的短暂一生，我
们不能不慨叹："千古文章未尽才！"

张光宇：

书衣的"装饰风"

张光宇

《人世间》

第二卷第一期（革新号）

良友复兴图书印刷公司／一九四四年

张光宇，一个一般读者感到陌生而在中国美术界却是不朽的名字。

一九〇〇年，张光宇生于江苏无锡。自小生活在有民间文化传统的环境中，泥人、剪纸、版画、绣染等引发了他的艺术乐趣。十四岁到上海，小学毕业就跟上海美专校长兼新舞台的布景师张聿光学画布景。京剧艺术作为中国传统文化最有代表性的艺术，孕育了张光宇，为他形成装饰性和韵律感很强的艺术风格奠下了基础。以后他在南洋兄弟烟草公司、英美烟草公司绘制月份牌、香烟画片和广告，又打下了扎实的西画写实功底。徜徉十里洋场，直面欧风美雨，得以广收博取西方现代艺术的新鲜营养。张光宇曾任《世界画报》《三日画刊》《时代漫画》《时代画报》《独立漫画》和《上海漫画》等多种刊物的主编或编辑。一九二六年十二月，他与丁悚等成立了漫画会，这是中国最早的民间漫画团体。一九三五年，全国漫画协会在上海成立，张光宇被公推为主席。一九四九年后，张光宇先后任中央美术学院和中央工艺美术学院教授。一九六五年去世。

张光宇的独特经历使他的艺术涉猎全面，内容宽广，从生活与艺术实践中积累起来与众不同的知识结构，成为迥异于学院出身的艺术家。他一生在现代艺术设计、现代电影戏剧美术、现代中国绘画、现代艺术教育和理论诸多艺术门类都做出了突出的建树。他开创了中国装饰艺术学派，成为一代装饰艺术大师。中国美术界从叶浅予、胡考、丁聪、张仃、张乐平、廖冰兄、华君武等大家，到蜚声今日画坛的名家袁运甫、韩美林、丁绍光，都曾得到张光宇的鼓励和栽培，受到张光宇很大的影响。

张仃说，张光宇风格就是装饰风格。书籍装帧只是张光宇涵盖广泛的艺术中一个小小的领域，但贯穿始终的依然是装饰风。

《诗刊》
第三期
新月书店 / 一九三一年

《十日谈》
第十二期
中国美术刊行社 / 一九三三年

《光宇讽刺集》
张光宇著
独立出版社 / 一九三六年

　　《诗刊》第三期封面,张光宇只画了一个裸体男子正低头聚精会神地阅读手中的报刊。男子身材高挑,壮硕健美。他的上方"诗刊"两个美术字的造型就像古典式的吊灯,与图呼应。图和字全部集中在封面的右边,左边则是大面积的留白。如一首好诗,余味悠长,给读者留下品味与浮想的辽阔空间。

　　一九三六年出版的《光宇讽刺集》,是张光宇漫画的合集。集中收入的漫画,大多曾在《十日谈》杂志的封面刊载。漫画直指三十年代的社会弊端,讽刺了帝国主义、反动政客、大人先生、绅士淑媛。《岁寒清供图》用松、竹、梅三个盆景做背景,嘲讽当时国民党的代表人物蒋介石、汪精卫和胡汉民,自我标榜,各怀鬼胎。《膝下图》活画出日寇卵翼下儿皇帝溥仪的媚骨丑态。《光宇讽刺集》的封面《吞款图》,大鱼吃小鱼,将社会的腐败、黑暗、不公给予了形象的表现。张光宇的漫画揭露深刻,讽刺辛辣。他把装饰带进漫画,将线描融入装饰因素,运用京剧脸谱的夸张变形、强化形象的性格特点,细节刻画精致,构图意匠完整,作品具有很强的装饰意味,形式很美。

　　一九三四年创刊的《万象》,张光宇、叶灵凤主编。创刊号的《编者随

岁寒清供图

膝下图

《十日谈》封面漫画选页

《万象》
第一期
时代图书公司／一九三四年

《万象》
第三期
时代图书公司／一九三四年

《时代漫画》
第一期
时代图书公司／一九三四年

笔》中写道："我们虽然着重形式，但是我们的形式是基于一个充实的内容。我们虽然耽于新奇，但是我们决不流于庸俗。能将现代整个尖端文明的姿态，用最精致的形式，介绍于有精审的鉴别力的读者，这便是我们的努力。"张光宇为这本图文并茂的期刊设计的封面，也别具匠心：第一期《森罗万象》是树和几何图形的组合，最后再以圆的基本形收拾规整，有种抽象的怪异；第三期《虫鱼鸟兽图》则直接选用民间染色图案，金鱼、耕牛、小兔，另有种具象的欢愉。

《时代漫画》，一九三四年一月创刊，一九三六年三月停刊，共出三十九期。鲁少飞主编。它是二十世纪三十年代影响最大、出版时间最长的一份漫画刊物，被称为"中国新兴漫画的纪念碑与漫画艺术的基石"。创刊号封面为张光宇设计，"文房四宝"组成了一个骑士的形象，寓意漫画家肩负着时代的使命冲锋陷阵。《编后补白》说："这一期封面的图案，以后用作我们的标识，表明'威武不屈'的意思。"

《人世间》革新号的封面画一男一女两位青年，青春焕发，神态严肃，

《二十岁人》　　　　　　《玮德诗文集》　　　　　　《海上谣》

徐迟著　　　　　　　　　方玮德著　　　　　　　　侯汝华著
时代图书公司／一九三六年　时代图书公司／一九三六年　时代图书公司／一九三六年

注视前方，背景为大海蓝天。人物形象描绘的浓厚的装饰风味，突出了张光宇的独具风姿。

　　《二十岁人》是诗人徐迟的第一本诗集。年轻诗人唱着"我来了，二十岁，年轻，年轻，明亮又健康……"跃上诗坛。封面是两个人互为倒立的形象，构图别致，线条明快，具有极好的现代风格。这幅画脱胎于《现代》第四卷第二期的封面画，张光宇简化得更具抽象之美。

　　《玮德诗文集》是方玮德去世之后，他的朋友陈梦家编选的。封面画意取自集中的《海上的声音》。这首诗是方玮德爱情诗中公认的佳篇，讲了一个由爱到分手的爱情故事。陈梦家说，读《海上的声音》"好似隔湖望见湖畔，一层雾，一袅烟，似显而隐，欲去不去的缠绵"。

　　《二十岁人》和《玮德诗文集》为"新诗库第一集"系列中的两种。这套书的书衣全部以白色为底，居中的矩形土黄色色块上印黑色的画面。每本书的画面各不相同，但融入现代感的装饰风格却毫无二致。张光宇的笔墨逸趣中自有万千气象。

《一切的峰顶》

（德）歌德、尼采等著，梁宗岱译
时代图书公司／一九三六年

《蝙蝠集》

金克木著
时代图书公司／一九三六年

《诗二十五首》

邵洵美著
时代图书公司／一九三六年

《龙涎》

罗念生著
时代图书公司／一九三六年

《屈原》　　　　　　　　　　　　　《装饰》

郭沫若著　　　　　　　　　　　　　第一期

人民文学出版社／一九五二年　　　人民美术出版社／一九五八年

　　一九四九年后张光宇的书籍装帧作品，《屈原》应是一个代表。这是郭沫若的剧本。封面用戏剧舞台装饰，左边台阶上橘林前屈原在抚琴，中间是展读《橘颂》的宋玉，右边是送水的婵娟。屈原端坐，宋玉直立，婵娟蹲伏，形成左高右低的带状构图，主次分明。上方的书名和作者名字与下方的画面取得均衡。"封面用橘黄色织物，也是与内容密切相关的，而加印深灰色图与黑色题字，对比而不火气，庄重而有变化。"（邱陵：《谈几本书的装帧设计》）另一个代表是《装饰》。一九五八年，张光宇到中央工艺美术学院任教，创办院刊《装饰》。创刊号画面中心是乘风前进的龙舟，舟上插着四杆大旗。旗上分别有标志衣、食、住、行的图案，昭示《装饰》立足于实用艺术设计领域。这个封面出自张仃之手，但总其成者应是亲自操办的张光宇。刊名"装饰"二字为张光宇设计。张光宇一贯强调字体的设计，他的美术汉字或结体沉雄，稳健雍容，或倾斜变化，曲折回旋，极富美感。

　　张光宇的书籍插图，流光溢彩。《民间情歌》的插图是中国现代插图艺术走向成熟的标志。

昨夜臂儿郎枕久，今朝觉着臂儿酸

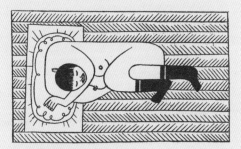

太阳出来高又高，孤单阿姐缩脚眠

路上残花莫要采，家中牡丹正在开

请个木匠好好起，留张花窗好望郎

《民间情歌》插图选页

看看桃花重又开，忽然想起情郎来

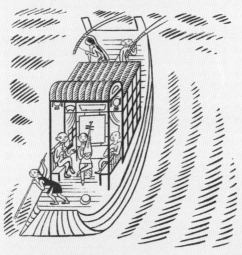

新打大船出大荡，大荡河里好风光

《民间情歌》插图选页

《西游漫记》

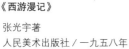

张光宇著

人民美术出版社／一九五八年

《西游漫记》选页

二十世纪三十年代张光宇为《民间情歌》所画的插图，当时在《时代漫画》《独立漫画》《上海漫画》等杂志连载，一九三五年由独立出版社出版。他非常喜欢这些原汁原味的民间情歌：

> 我从这里面看出艺术的至性在真，装饰得无可再装饰便是拙，民间艺术具有这两个特点，已经不是士大夫艺术的一种装腔作势所可比拟的，至于涂脂抹粉的流品，那更不必论列了。(《〈民间情歌〉自序》)

插图造型简洁，经营严谨，线条纯净，达到了极致的优美。黄苗子称道张光宇"这种以线为主的装饰风格，除了从民间木刻及明清版画找到根源之外，殷周的玉石铜器线雕，汉晋南北朝的画像石，以至于钱舜举、陈章侯的绘画都消化融汇在他的笔底。"(《张光宇的艺术精神》)叶浅予说："《民间情歌》不仅显示他对中国民间版画所下的功夫，并在造型方面透露德国画家的严谨精神和墨西哥画家珂弗罗皮斯的夸张手段，方是方，圆是圆，达到造型纯熟

之境。既简练又饱满的超完整性，与民间版画有异曲同工之妙。"（《宣传张光宇刻不容缓》）

《西游漫记》是张光宇一九四五年秋天在重庆创作的一套连环漫画，描绘精细，色彩华丽。故事以古讽今，人物皆来自中国古典小说《西游记》，而情节却反映了当时中国社会的光怪陆离。一九四六年始，曾在重庆、成都展出，一九四九年后画册出版。张光宇在漫画的基础上设计出动画电影《大闹天宫》的人物造型，赢得世界范围的赞誉。他创造的孙悟空形象如同米老鼠、唐老鸭代表美国文化一样，成为中国文化的象征和使者。

张光宇的书籍装帧作品以期刊封面居多，民间文化传统朴拙的造型、大胆的色调和对称而有变化的图案，彰显了淳厚的中国情味；同时，采纳外来艺术，又充满了现代气息和开放色彩。张光宇驾驭如椽画笔兼收并蓄，悠然出入于中西之间。"他的许多作品数十年后重新来看，非但不古旧，反倒新颖、时髦，能与先进科技和进步思潮相同步。"（邹文：《张光宇的当代意义》）

《上海漫画》《立体的上海生活》《循环》　　　　　　　《诗刊》

第一期　　　　　　　　　　　　第一卷第一号　　　　　　第一期

中国美术刊行社／一九二八年　上海循环周刊社／一九三一年　新月书店／一九三一年

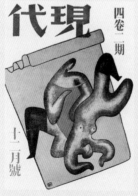

《现代》　　　　　　　《独立漫画》　　　　　《泼克》

第四卷第二期　　　　　第一期　　　　　　　　第一期

现代书局／一九三三年　独立出版社／一九三五年　泼克社／一九三七年

司徒乔：

"狂飙"风格

司徒乔

五个警察与一个○

　　　　我知道司徒乔君的姓名还在四五年前，那时是在北京，知道他
　　不管功课，不寻导师，以他自己的力，终日在画古庙，土山，破屋，
　　穷人，乞丐……

　　这是一九二八年鲁迅为司徒乔在上海举行的"乔小画室春季展览会"目
录写的序言《看司徒乔君的画》中的一段话。

　　司徒乔，原名司徒乔兴。一九〇二年生于广东开平，自幼喜欢画画。
一九二四年，司徒乔得以到北京入燕京大学神学院读书。神学院的功课吸引
不住年轻的司徒乔。他身在教室，心在窗外，最后背起画架，走向街头，用
画笔表现军阀统治的古城中人们的辛酸愁苦。《五个警察与一个〇》记录他
一九二五年除夕看到的场面：一个孕妇拖着两个孩子，只是因为在施粥厂讨
了一碗粥给孩子们吃了，也想为自己讨一碗，就遭到几个全副武装的警察扑
打凌辱。这幅充满激愤之情的作品，后在北京中山公园画家的第一次画展上
被鲁迅先生买走。三年之后，鲁迅说："在北京的展览会里，我已经见过作
者表示了中国人的这样的对于天然的倔强的魂灵。"称道司徒乔是一位"抱
着明丽之心的作者"。(《看司徒乔君的画》)也是在这一年,年轻的沈从文在《看
了司徒君的画》中赞扬司徒乔"在穷境中守着自己一点希望，去发现人类的
美真"。他说："在全是凭小聪明与好运气的小鬼社会中，司徒君，独自走自
己的那条寂寞的路。某一种世界把他忘掉，他也忘掉了那种世界。他忘了社
会对他的压迫，却看到比自己更被不公平待遇的群众；他不用笔写自己的苦
闷，他的同情的心却向着被经济变动的时代蹂躏着的无产者。"

　　一九二六年，司徒乔给鲁迅主持的未名社以及当年的北新书局画书衣和

《莽原》　　　　　　　《莽原》　　　　　　　《未名》
第一卷第二十一号　　　第二卷第十七期　　　　第一卷第一期
未名社／一九二六年　　未名社／一九二七年　　未名社／一九二五年

插图，在中国现代书籍装帧史上留下了灿烂的篇章。

　　一九六四年，画家夫人冯伊湄在《未完成的画：司徒乔传》中回忆当年画家作画时的情景，有这样生动的描绘：

　　　　每逢动笔，心里就特别紧张。只见他眉峰蹙成两座小山，眼睛
　　眯成一条细线，双脚摆成练武架势，简直有点如临大敌。朋友们把
　　它叫作"挥剑的姿势"。他不懂什么用笔的规律，他那支画笔，像
　　一匹无羁的野马，任意驰骋，喜欢他的画的朋友称为"狂飙画法"。

　　司徒乔的书衣作品突显了他的"狂飙"风格。

　　《莽原》是鲁迅编辑的刊物。一九二五年四月创刊，周刊，同年十一月停刊。一九二六年一月复刊，改为半月刊。一九二七年十二月停刊，共出两卷（四十八期）。封面为司徒乔设计。第一卷封面，一片乱草丛生的荒凉原野，太阳刚刚升起。太阳的光轮前面，一棵小树挺拔地立在地面上，生机盎然，引人注

《飘渺的梦》

向培良著
北新书局／一九二六年

《卷葹》

淦女士著
北新书局／一九二七年

《新俄文学的曙光期》

（日）升曙梦著，画室译
北新书局／一九二七年

目。第二卷封面，小树已长成参天大树，蓊蓊郁郁，欣欣向荣，大地充满希望。两个封面寄托了画家的殷殷深情。大笔挥洒，不求具象的真切刻画，线条粗豪雄健。

向培良的短篇小说集《飘渺的梦》，由鲁迅选定。十四篇小说反映了"五四"前后青年知识分子的郁闷、愤激与挣扎，"革新与念旧，直前与回顾"相交织的矛盾。封面为翠绿色的厚纸，上部横框内三个人像，框下署书名《飘渺的梦》（书脊上则是《飘渺的梦及其他》）。框内画面"粗看甚为芜杂，仔细观摩倒也饶有风致：中画一少年蹙眉瞑目，也许显示其溺于梦境吧；右侧为一老妪，左侧为一'美目盼兮'的少妇，这正是该书首篇《飘渺的梦》中以截然相反的态度对待'我'的两个人物（冷酷的后母与柔婉的筠嫂）；同时，作为贯穿全书的童年欢欣的忆念与人生辛苦的喟叹这两者的象征，好像也无不可。"（胡从经：《儿童天真的爱憎，羁旅寂寞的闻见——〈飘渺的梦〉》）

《卷葹》的作者署名"淦"，即淦女士。这位活跃于二十世纪二十年代文坛的小说家，就是后来的著名学者冯沅君。这部短篇小说集反映的是青年反

《魔鬼的舞蹈》
于赓虞著
北新书局／一九二八年

《外套》
（俄）果戈里著，韦素园译
未名社／一九二六年

《曼殊斐尔小说集》
（英）曼殊斐尔著，徐志摩译
北新书局／一九二七年

抗封建包办婚姻、追求恋爱自由的主题，在广大读者中引起强烈反响。卷葹，一种小草，拔了心也不死。封面画一位仰卧的裸女，长发飘拂，右臂伸展，浮于海面，尽管海浪拍击也毫无惧色，让读者联想到书中与恶势力抗争的勇敢女性。蓝色图画印在米色道林纸上，别有一种雅致的韵味。

　　日本升曙梦著的《新俄文学的曙光期》，重点在评述"新俄文学"的特色，画室（冯雪峰）翻译。封面仍然是写意手笔，上有新月流云，下是无垠旷野，田野上有耕作的农妇和农具。人物的动势则与法国米勒的名画《拾穗》近似，米勒将毕生才华投注到对农民的描绘上。《拾穗》不是田园牧歌，而是劳动者艰难生活的写实。画家移用这个细节，也许蕴含"新俄文学"关注底层而不同于"旧俄文学"的寓意。

　　《魔鬼的舞蹈》是于赓虞的诗集。于赓虞，河南西平人。现代诗人。他的早期诗作歌颂地狱，诅咒人世，生发厌倦与幻灭的情调，出版过《孤灵》《骷髅上的蔷薇》。单是书名，就令人有恐怖之感。司徒乔画的是极为抽象的图画，人物似有若无，画面难以诠释。恰如于赓虞的诗句："这天宇没有光，没有

《饥饿》

（苏）塞门诺夫著，张采真译
北新书局／一九二八年

《苦酒集》

芳草著
北新书局／一九二八年

《黄花集》

韦素园译
未名社／一九二九年

歌，只是一团墨迹漫缀苦意，／生存与毁灭在此辽辽天际无人注意亦无痕迹。"
（《长流》）

　　司徒乔书装的特点，邱陵在《书籍装帧艺术简史》中曾做如下概括："构图新颖大胆，笔法奔放不羁，有些毛笔速写的味道。所见者多是单色印刷在浅色的书面纸上，题材以人物为主。"这一特点，除了上面列举的几种之外，从《外套》《曼殊斐尔小说集》《饥饿》《苦酒集》等书的封面都可看到。不过，像《魔鬼的舞蹈》和《饥饿》等则是钢笔技法制作了。

　　《黄花集》的封面，让我们领略到画家粗犷中的精细。《黄花集》是韦素园翻译的散文和诗的结集，译作中包含有屠格涅夫的《门槛》和高尔基的《海鹰歌》（现通译《海燕》）等名篇。书名《黄花》，大概来自书中的诗句："我的广原！／我的大地！／假若我是青春／我便开放／一朵嫩黄的小花／我便燃起／一粒嫩黄的、美丽的、纯金的小火！"略显空疏的封面，靠上是一支藤蔓，下方是几茎摇曳的小花，花上点染淡淡的鹅黄，显出一点秋意；"黄花"二字藏在穿空而过的枝条之中，作者、译者、出版者全部不在封面显示，极

「一路的
殷勤相送
，原是為
着無名的
愛戀；」

一九二六·十·

「夜色織着相思的幕。
冷風吹着初愛的火。

月姿上黑黑的人影，
飄飄的擺着他們的衣裙。」

「皎月下波光萬頃，

衷的心閃着殷勤的幻影！」

「我們來到
樹陰，
靜憩的
蟬鸚，
樹陰盖着
伊和我，
瞿瞿叫碎
了離情。」

《君山》插图选页

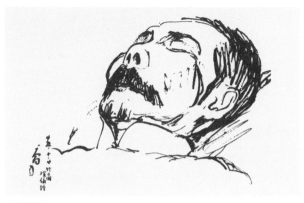

鲁迅遗像

《柚子》

王鲁彦著
北新书局／一九二七年

为简练而又素雅。

司徒乔设计书衣的时间是一九二五年到一九二八年的短短几年，流传于世的《君山》的插图就创作于这一期间。韦丛芜的《君山》出版于一九二七年三月，为一部叙事情诗。诗人在洞庭湖的君山结识了一对姊妹，燃起了爱情之火。故事清丽动人，诗风感伤低回。司徒乔的十幅插图侧重在抒情氛围的表现，点染了爱的凄美。

一九三六年鲁迅逝世时，司徒乔在上海。他赶到胶州路万国殡仪馆向先生致哀，并在盖棺前用竹笔速写，留下先生的遗容。学者孙郁说，这幅遗像"见了让人动情"。司徒乔"特别表现了先生的苦涩，好像被巨大的不安所折磨着。一个长眠者的神态能如此丰富，是唯有思想者才会表现出来的吧。读那幅画，心被撞击着，无言的词语里，是对一个历史的凝视"。（《司徒乔》）

司徒乔一九二八年底去法国学画，回国后历经抗战的困顿流徙，以后又去美国求医，再回到祖国已是一九五〇年了。他一生大部分时间是在悲情的时代颠沛流离，但人道主义的使命感促使画家完成了《放下你的鞭子》《三

《争自由的波浪》
董秋芳译
北新书局／一九二七年

《白茶》
曹靖华译
未名社／一九二九年

《春潮》
（俄）屠介涅夫著，张友松译
北新书局／一九三四年

个老华侨》等作品，在中国现代美术史留下不朽的篇章。司徒乔的水彩和水粉画成就也很突出。他对色调感觉的敏锐，对瞬息万变光影捕捉的准确，对色彩运用的纯熟，令徐悲鸿赞叹不已。

晚年的司徒乔立愿为鲁迅的全部小说制作插图，可惜只完成几幅，一九五八年病魔就夺去了他的生命。《鲁迅与闰土》是小说《故乡》的插图，表现阔别故乡多年的"我"再见童年伙伴闰土的场景。长期辛苦麻木的生活，使闰土已经完全改变了过去的面貌。尤其可悲的是，传统的尊卑等级观念在闰土和"我"之间造成了一道深深的鸿沟。小说中的"我"，司徒乔以鲁迅的形象直接出现，画家难以忘怀眷爱、提携后进的鲁迅先生的风采。

叶灵凤：

比亚兹莱的画风

叶灵凤

《无名的病》插图　　　　　　《昨夜的梦》插图

插图选页

中国现代书籍装帧史上，另一位作家而兼装帧艺术家的是叶灵凤。

叶灵凤，原名叶韫璞，一九〇四年生于江苏南京。自小对绘画情有独钟，一九二四年到上海美术专科学校学习，而这时文学给了他更大的诱惑。叶灵凤成了创造社出版部的一员，并由此揭开他文学与美术生涯的序幕。

《洪水》是叶灵凤参与编辑的第一个刊物。创造社原有《洪水》周刊，一九二四年出版了第一期就夭折了。一九二五年九月，创造社的年轻一辈重整旗鼓出版了《洪水》半月刊，叶灵凤为编辑之一。创刊号封面的上部是刊名，"洪水"两字为郭沫若题签。上方的图案由一只展开双翅的鹰和两条蛇构成，鹰的胸前佩一把长剑；下方是滔滔洪水，狰狞凶神，海螺海贝，左下角一个撕破了的假面具。画面怪异恣肆，大胆张扬，给予读者的震撼一如吞没一切旧势力的洪水所掀起的拍天大浪。封面的设计者就是叶灵凤。

《洪水》封面标新立异，叶灵凤很快地声名鹊起。由此开始，他活跃在二十世纪三十年代前后的上海文坛：一九二六年三月，参与《创造月刊》创办。四月，与潘汉年合编出版了《A.11》周刊。十月，两人又创办了文艺半月刊《幻洲》。一九二八年一月，《现代小说》月刊创刊。五月，《戈壁》半月刊创刊，任主编。一九二九年一月，与周全平、潘汉年组织新兴书店，并合编《小物件》杂志。一九三一年四月，创办《现代文艺》月刊，任主编。一九三四年四月，参与大型文学期刊《现代》的编辑。十月，与穆时英合编的《文艺画报》创刊。一九三六年二月，《六艺》创刊，为编辑人之一。一九三七年七月，全面抗战开始。八月，《救亡日报》创刊，参与编辑部工作，并出任编辑委员会成员。

这里列出的仅是叶灵凤编辑的报刊的不完全记录，不包括他的图书编辑，也不包括他的小说、散文创作，已可见他在中国新文学史上的不凡劳绩。

《洪水》

第一卷第一号

光华书局／一九二五年

《创造月刊》

第一卷第六期

创造社出版部／一九二六年

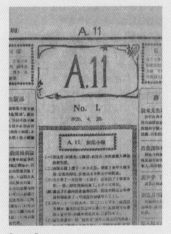

《A.11》

创刊号

创造社出版部／一九二六年

《幻洲》

第二卷第一期

幻洲发行部／一九二六年

《戈壁》   《现代文艺》   《现代》
第二期   创刊号   第四卷第五期
光华书局／一九二八年   现代书局／一九三一年   现代书局／一九三四年

　　叶灵凤办刊物，出于对美术的偏爱和熟悉，不只是编辑来稿、撰写文章，而且要设计封面、装帧版式、创作插图。晚年他回忆说："当年创造社出版部、光华书局、北新书局和现代书局的出版物，大部分是由我负责排印和装帧的。"（《从郭沫若的〈百花齐放〉装帧谈起》）叶灵凤画作上常用的署名是英文字母 LF，借助这一标示，我们今天能看到他为书刊装帧所做出的成功尝试。

　　叶灵凤早期的书装作品明显地受到比亚兹莱（Aubrey Vincent Beardsley）的影响。比亚兹莱（一八七二年——一八九八年），英国十九世纪末的画苑鬼才。他二十六岁就去世了，艺术生涯短短的不到十年，却给世人留下了几百幅画作，有文学作品的插图、图书杂志的封面设计、扉页的装饰和广告等。这些作品装饰趣味很浓，构图完美平衡，黑白对比强烈，细部简练优美，线条干净利落，异怪而又华丽，在欧洲享有盛名。

　　中国最早介绍比亚兹莱作品的是田汉。他将画家的名字译成"琵亚词侣"，较之当时"璧尔兹来"的译名更有诗意。他编辑的《南国月刊》，版头和插图全是用的比亚兹莱的作品。后来，又有郁达夫的介绍，称比亚兹莱为"天

《梦里的微笑》

周全平著

光华书局／一九二五年

《恋爱病患者》

（日）菊池宽著，刘大杰译

北新书局／一九二七年

才画家”，“空前绝后”。一九二九年，鲁迅选编《比亚兹莱画选》，在《小引》中赞扬比亚兹莱“没有一个艺术家，作黑白画的艺术家，获得比他更为普遍的名誉；也没有一个艺术家影响现代艺术如他这样的广阔。”当年的中国文艺界对比亚兹莱好评如潮，年轻的叶灵凤也为之倾倒。不过，他译为“比亚斯莱”。他说：“我一向就喜欢比亚斯莱的画。当我还是美术学校学生的时候，我就爱上了他的画。不仅爱好，而且还动手模仿起来，画过许多比亚斯莱风的装饰画和插画。”（《比亚斯莱的画》）与比亚兹莱同时受中国文化人称道的日本女画家蕗谷虹儿（一八九八年——一九七九年），也是叶灵凤膜拜的偶像。鲁迅曾引用蕗谷虹儿自己的话来说明其特色所在：“我的艺术，以纤细为生命，同时以解剖刀一般的锐利的锋芒为力量。我所引的描线，必须小蛇似的敏捷和白鱼似的锐敏。……我的思想，则不可不如深夜之暗黑，清水之澄明。”指出她“用幽婉之笔，来调和了 Beardsley 的锋芒，这尤合中国现代青年的心”。（《〈蕗谷虹儿画选〉小引》）

　　《创造月刊》第一卷第六期封面，一位少女伸手去接一串悬挂的葡萄，

《湖风》　　　　　　　　　　《灵凤小说集》

虞琰著　　　　　　　　　　叶灵凤著

现代书局／一九三〇年　　　现代书局／一九三一年

旭日东升，花草芬芳，令人顿生比亚兹莱的梦幻之感。《幻洲》的封面从色彩到图案，则有蕗谷虹儿的清丽冷寂在画面流淌。周全平的短篇小说集《梦里的微笑》和刘大杰翻译的剧本《恋爱病患者》，两书封面同样是比亚兹莱的森然幻境和蕗谷虹儿的纤细抒情的糅合。

叶灵凤作画多用毛笔，喜用红、绿、黑、黄等原色，书名都是较大的美术字，表现了个人的特色。

女诗人虞琰诗集《湖风》的封面，一位身着高领中式外衣的女性，长发披肩，低眉瞑目，似在沉思。沉郁中含着温文，冷漠中透出伤感。《灵凤小说集》封面也为叶灵凤手绘，裸体的夏娃黑发下垂，有一种野性和肉感。地面犹如剑兰的丛生植物，树上结出的累累果实，强化了伊甸园的原始生态。

唯美和诡异，叶灵凤的封面烙下了比亚兹莱的鲜明印记。

一九三三年《出版消息》第二期有《封面画者一瞥》一文，将叶灵凤与丰子恺、钱君匋并列，说叶氏的"画法系脱胎于欧洲之图案和线条画，颇细腻可喜，善作小说中的眉画、插图，封面画所画不多"。翻开当年叶灵凤主

《幻洲》题图选页

《长跪》

洪为发著

光华书局／一九二七年

《李义山恋爱事迹考》

雪林女士著

北新书局／一九二七年

《苦笑》

周全平著

光华书局／一九二七年

编的杂志，从头至尾，大小插图，大多有 LF 的签名。因为是黑白画，更突显了比亚兹莱的画风。叶灵凤，人称"东方的比亚兹莱"。

　　同样喜欢比亚兹莱的鲁迅，对这位"东方的比亚兹莱"并不认同。他指斥叶灵凤是"新的流氓画家"，"叶先生的画是从比亚兹莱剥来的"。鲁迅对叶灵凤的批评、抨击和嘲讽，在《鲁迅全集》的文章和书信中都可以查到。中国新文学史上的"叶鲁纠葛"，说来话长。简而言之，事情是由年轻气盛的叶灵凤引起，攻击乃至诋毁鲁迅，错在叶氏。鲁迅的反击，让叶灵凤丢盔卸甲。不过，说叶灵凤"生吞""活剥"比亚兹莱，未免言之过甚。叶灵凤曾选比亚兹莱的画直接用于封面（如《现代文艺》创刊号用的是比亚兹莱的《新生》插图），初期的模仿也有点生搬硬套，有的人物形象怪异得几近丑陋，有的画面潦草到不知所云。但是，后期有很大变化，《无名的病》和《昨夜的梦》的插图，叶灵凤自有吸收和创造，这是有目共睹的事实。鲁迅对叶灵凤画作的评价之低，应该说不单是因为原来曾有的"过节儿"，还有深层的原因。宋炳辉在《方法与实践——中外文学关系研究》一书中，专列《比亚

《我的女朋友们》　　　　　《入伍后》　　　　　　《新俄文艺政策》

金满城著　　　　　　　　　沈从文著　　　　　　　（日）藏原惟人等著，画室译

光华书局／一九二七年　　　北新书局／一九二八年　　光华书局／一九二九年

兹莱的两幅中国面孔——鲁迅与叶灵凤的接受比较》一章，作者认为，他们对比亚兹莱的价值和文化史意义认识的程度不同，因而：

> （叶灵凤与鲁迅）各自为中国读者勾勒了一幅比亚兹莱的面孔，一个是强烈的装饰趣味和黑白对照、怪异华丽而又带有一点色情的颓废意味；一个虽也有恶魔般的美丽，但又有对罪恶的自觉，并在自觉中显示出强烈的理智和对现实的讽刺性。

叶灵凤的局限在于"模仿的意味较重"，"更多的倒是体现了对摩登的追求"。

二十世纪四十年代之后，叶灵凤一直在编辑和写作，只是封面插画已不再亲力亲为了。装帧艺术家的叶灵凤淡出了读者的视野，但他依然深爱着比亚兹莱，直到生命的最后。一九七五年，叶灵凤在香港逝世。

钱君匋：

跨越时代的"钱封面"

钱君匋

錢君匋裝幀畫例

二十一年五月重印

書的裝幀，於讀書心情大有關係，精美的裝幀，能象徵書的內容，使人未開卷時已準備讀書的心情與態度。猶如歌劇開幕前的序曲，可以暗暗示最者的感情，使之適合於劇的情調。序曲的作者，能挾取劇情的精華，注結晶品於音樂中，以勾引觀者。善於裝幀者，亦能將書的內容精神思想與那版與色彩，使讀者發生美感，而增加讀書的興味。友人錢君匋君，長於繪事，尤善裝幀書冊。其所繪封面畫，風行現代，每陳列各書店的樣子窗中，及讀者的案頭，無不意匠巧妙，布置情麗，足使見者停足注目，讀者手不釋卷。近以四方求者日衆，同人等本推揚美術，誘導讀書之旨，敬請錢君廣應各界聘託，並為定畫例如下：

封面畫	每幅拾五元	
扉畫	每幅拾元	
題花	每題五元	
全書裝幀	另議	
扉告畫及其他裝飾畫	另議	

附白　（一）非合新文化之書籍不畫　（二）衛生廣告書不畫　（三）迷信品等不畫　（四）有損害精神者不畫

胡愈之　陳望道
豐子愷　夏丏尊
陳抱一　章錫琛
葉聖陶　王禮錫

仝訂

收件處

上海東百老匯路仁興里開明書店編譯所出版部
愛關路梧德里三二號沖州園光肚編譯所出版部
塘山路澄東中學中學部

钱君匋装帧画例

　　钱君匋，一九〇六年生于浙江桐乡，一九九八年去世，享年九十二岁。他一生设计封面数千种，赢得了"钱封面"的美誉，创下了书籍装帧前所未有的奇迹。

　　一九二三年，钱君匋就读于上海专科师范学校，师从丰子恺，与陶元庆同学，不到二十岁就开始书籍装帧。一九二七年进入开明书店，编辑音乐、美术图书并负责全部书刊的装帧设计。他为《新女性》月刊设计的封面每季一换，用简洁的花草、淡雅的色调，诗意地表现了春、夏、秋、冬四季景色，一改沿袭已久的期刊封面旧貌，把封面艺术的取材推向更广泛的领域，震动了出版界，获得众口一词的好评。鲁迅、茅盾、郭沫若、叶圣陶、巴金、郑振铎等名家，都请钱君匋为他们的著译设计过封面；《小说月报》《东方杂志》等大刊名刊的不少封面，也出自钱君匋之手。一九二八年，当钱君匋脱颖而出时，丰子恺即高度评价了他佳作迭出的封面设计："友人钱君君匋，长于绘事，尤善装帧书册，其所绘书面，风行现代，遍布于各书店的样子窗中，及读者的案头，无不意匠巧妙,布置精妥,足使见者停足注目,读者手不释卷。"（《〈钱君匋画例〉缘起》）

　　二十世纪二十年代中后期，钱君匋的书籍设计主要在探索。"其一是探索适合于书籍装帧需要的绘画风格。其二是追求富于中国美学特质的表现形式。"（罗之仓：《钱君匋书籍装帧风格的分期》）在尝试、比较中，他的设计呈现出多元风貌：有的取法中国古代金石纹样，借鉴东方石窟艺术，追求民族气派；有的吸收西方美术的风格，融进了立体主义和未来派的手法。如短篇小说集《秋蝉》，纹样类似石刻，古朴宁静；戏剧集《鸽与轻梦》，图案化的鸽与树，轻灵抒情；《伟大的恋爱》，用红色线条绘成的男人和裸女的形象，

《秋蝉》

蒋山青著
上海出版合作社 / 一九二六年

《鸽与轻梦》

（英）高尔斯华绥著，席涤尘等译
开明书店 / 一九二七年

《伟大的恋爱》

（苏）柯仑泰著，周起应译
水沫书店 / 一九三〇年

《六个寻找作家的剧中人物》

（意）皮兰得娄著，徐霞村译
水沫书店 / 一九三〇年

《文学周报苏俄小说专号》

《文学周报》编

上海远东图书公司／一九二九年

《日出》

曹禺著

文化生活出版社／一九三六年

《曲艺论集》

关德栋著

中华书局／一九五八年

有着早期立体主义的特点；《六个寻找作家的剧中人物》，则用许多飞舞的色块，带点光学艺术色彩。

三十年代之后，钱君匋的书籍装帧逐渐形成自己的设计语言，走向成熟。罗之仓认为，成熟的主要表现有三："构图的均衡和整体的和谐"，"每帧书面上汉字的处理也形成了独特的风格"，"跳格"（即在书架上最逗人、最先跳入读者视线之中）。（《钱君匋书籍装帧风格的分期》）曹禺的《日出》，图案花纹细密但不显拥塞，书名字体浑厚但不失秀雅。文字与图案位置的经营恰到好处。《日出》为文化生活出版社出版的"曹禺戏剧集"一种。"曹禺戏剧集"各册封面的图案格式一样，书名不一，色彩有别，图案的类型化体现了系列套书的特色。《文学周报苏俄小说专号》只用红黑两色，完全靠字体的设计变化取胜，可谓用文字作装帧的经典范本。

一九四九年后到"文化大革命"前，钱君匋仍然有不少书籍装帧作品问世。《曲艺论集》，四层线框疏密有致地围绕着民间刻纸纹样，加上民间习用的蓝、绿、红三色和书面纸白色的映衬，使封面充盈着地道的中国风味。《蜜蜂》，

《中国民歌》

中国音乐研究所
音乐出版社／一九六〇年

《蜜蜂》

第三期
蜜蜂社／一九六〇年

《艺海拾贝》

秦牧著
上海文艺出版社／一九六二年

灰色刻纸作为背景几乎占了整个封面，蓝色大字"蜜蜂"端庄醒目；分置画面上下的刊名汉语拼音和期刊年份，保证了布局的均衡。他五十年代和六十年代初这一时期的作品，着意于中国元素的强化，构图匀称，线条精致，色彩明快，朴素严谨，但少了三十年代无所羁绊的多彩丰姿。一九六二年之后，意识形态的控制愈来愈严，钱君匋的创作难以为继，直到沉入"文革"炼狱。

十年浩劫过后，钱君匋老而弥坚，又拿起了画笔。一九八〇年，为三联书店出版的唐弢的《晦庵书话》做的装帧，是他晚期的代表作之一。他自己曾有如下解说："这个设计是师法六朝石刻的纹样，顶端是由石刻佛像龛常用的纹样变化创新而来。下部为双雁与麦穗，作均齐对称的构图，采用幽静的色彩，使画面富有诗意。"（费在山：《钱君匋谈书籍装帧》）钱君匋认为，书籍装帧"民族化和现代化是可以融合在一起的。没有民族化，只有现代化，它就分不出这是出于哪个国家的设计。仅仅民族化，老是在一成不变的古老东西里翻筋斗，也是没有出息的"。（《民族特征与时代气息》）《音乐艺术》封面的白色的拼音大写 Y 和 S 将灰和粉红的色带紧紧组合在一起，色彩交相

《音乐艺术》

第一期

上海音乐学院／一九七九年

《晦庵书话》

唐弢著

三联书店／一九八〇年

《雄关赋》

峻青著

花山文艺出版社／一九八四年

辉映，竖排的白色行书刊名稳定了画面，极富现代感。《雄关赋》的封面是巍峨城关，城墙跨过书脊向封底延伸直至勒口。画面以黄色盖底留白托出，造型简化，笔墨凝练。

钱君匋从事书籍装帧近七十年，刻意求新是一条主线，朴实大方、清雅含蓄是公认的特色。他以山水、植物的简化、变形或几何图形的组合构成装饰性图案，作为设计的基调，进而交错、配置，挥洒自如，出神入化。色彩单纯，清丽沉着，用色不多却产生了极为丰富的色彩效果。书名大多是手写，宋体字的浑拙朴厚，图案字的灵动飞扬，阿拉伯数字和外文、拼音字母的万千变化，更成为魅力独具的亮点。这一切构成了无人可以替代的"钱氏风格"，与众不同的"钱封面"自然受到读者的青睐。

书籍装帧与书的内容的关系如何处理，钱君匋指出：第一种办法，把书的中心内容和盘托出，或从侧面体现书的意境，即以高度概括的手法，化书的内容为形象。如茅盾的《动摇》，反映一九二七年大革命失败后年轻人的彷徨。封面红、白两色暗示了不同的政治格局。朱红底色上有一只蜘蛛从一

《动摇》

茅盾著

商务印书馆 / 一九三〇年

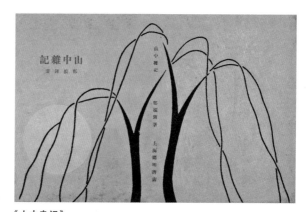

《山中杂记》

郑振铎著

开明书店 / 一九二八年

条线上挂下来，把一年轻女子的脸庞一分为二，略去半个，含蓄地表达了主人公敢于冲决黑暗的网罗，但又感到前途茫然无助的困惑。《山中杂记》是郑振铎一本游记散文，横贯封面和封底的是两株垂柳，枝条袅娜，中间是淡黄色的月光，让读者体验到春的律动。第二种办法，不拘泥于对书的内容和主题相关表象的描绘，封面仅仅体现一种装饰美，引起读者渴望了解书的主题和表现特征的愿望。钱君匋说，书衣设计"总要有浓厚的书卷气，要来得婉转，要来得曲折，要来得含蓄，不能直截了当地和一般绘画那样的写实。书面设计最怕作为书籍的低级图解"。(《民族特征与时代气息》) 这一种在他的封面设计中居多。这种"用'类似性感受'的方式，在封面中营造出充满诗意、情趣、韵味的艺术境界，它们不是靠'再现'的逼真去征服读者，而是通过以'物'传'神'的方式，使'神'超越感性现象并在心灵中升华，于是，人们在心灵无限自由中对书籍的'神'有了感悟。"(邓中和：《书籍装帧创意设计》) 钱君匋说：

优秀的装帧总能够表现或象征书籍的内容，使人在阅读之前先准备好阅读的心情和态度。善于装帧的人能抉取书籍的内容和精神，通过形与色，构成能够表达该书内容或精神的艺术作品，从而增进读者阅读兴趣。(《书籍装帧技巧》)

这是熟谙书籍装帧三昧的至理名言。

中国现当代书籍装帧史上，钱君匋是跨越时代的大师。

钱君匋善书画，精篆刻，长诗文，通音律。刻巨印、作长跋更是他印艺活动中的两绝。《夜潮秋月相思》，石大七厘米见方，钱君匋刻得"力可扛鼎，游刃有余，而能古朴深穆，气足神完"。(邵洛羊：《潇洒日月，徜徉江海》)印石顶部和四侧刻了一百八十九字的隶书跋语，抒发了他眷恋桑梓萦回心头的乡愁："故里海宁观潮甲天下。在乡之日，每于春泛秋汛之期，登镇海塔，俯瞰钱塘江潮，惊险万状。尤于秋月之夜，银光无际，东望潮来，初则一线横破水天，有声如群蜂鼓翅。俄而白练千寻，亘江之两岸，声若列车运轨。旋即状似粉垣，猛扑而前，作春雷继响之声。移时但见惊涛高水面数丈，声如千军冲杀，万马奔跃，怒卷长塘，排山倒海而西，咆哮搏突，喧阗动地。至是，恶浪滔天，大江几溢，汹涌澎湃，直指杭州，诚壮观也。今久客都中，每当月夕，不无夜潮秋月相思。一九五四年十二月，钱君匋并记。"落笔清俊，韵味华美，犹如"超短篇抒情散文"。长跋以满白文粗壮线条镌刻，饱满雄浑。李一氓赞曰："印文边款，两擅胜场，求之近世，殆难其匹。"(《〈钱君匋刻长跋巨印选〉序言》)

《夜潮秋月相思》

《中原的蛮族》

T.K. 口述，郑飞卿笔记

开明书店／一九二七年

《月上柳梢头》

蒋山青著

光华书局／一九二七年

《薇娜》

巴金等译

开明书店／一九二八年

《艺术概论》

（日）黑田鹏信著，丰子恺译

开明书店／一九二八年

《欧洲大战与文学》

沈雁冰著

开明书店／一九二八年

《夜阑》

沉樱著

光华书局／一九二九年

《蜜桑索罗普之夜》

郭沫若诗，陈啸空曲
艺术书店／一九二九年

《岭东恋歌》

李金发编
光华书局／一九二九年

《苦趣》

索非著
开明书店／一九二九年

《破垒集》

黎锦明著
开明书店／一九二九年

《招姐》

罗皑岚著
光华书局／一九二九年

《灭亡》

巴金著
开明书店／一九二九年

《春茧》

蒋山青著

光华书局／一九三〇年

《草原上》

朱溪译

开明书店／一九三〇年

《地狱》

（美）辛克莱著，钱歌川译

开明书店／一九三〇年

《黛丝》

（法）法朗斯著，杜衡译

水沫书店／一九三〇年

《苏俄文学理论》

（日）冈泽秀虎著，陈雪帆译

大江书铺／一九三一年

《寡妇的心》

刘蘅静著

神州国光社／一九三二年

《自杀日记》

丁玲著

水沫书店 / 一九三三年

《新生》

巴金著

开明书店 / 一九三三年

《三根红线》

万国安著

四社出版部 / 一九三四年

《展痕处处》

郁达夫著

现代书局 / 一九三四年

《别的一个妻子》

黄嘉谟译

开明书店 / 一九三四年

《战后》

（德）雷马克著

开明书店 / 一九三五年

《简谱的读法》

兆丰著
音乐出版社／一九五五年

《电影歌曲集》

电影事业管理局编
音乐出版社／一九五六年

《卡巴列夫斯基钢琴曲集》

卡巴列夫斯基著
上海音乐出版社／一九五七年

《唐诗小札》

刘逸生著
广东人民出版社／一九七九年

《西谛书话》

郑振铎著
三联书店／一九八〇年

《深巷中》

钱君匋著
人民音乐出版社／一九八五年

《文学月报》

创刊号

光华书局／一九三二年

《微音》

第二卷第六期

神州国光社／一九三二年

《文艺月报》

创刊号

上海杂志公司／一九三五年

《中流》

创刊号

上海杂志公司／一九三六年

《文艺阵地》

第四卷第五期

生活书店／一九三九年

《晨》

述林文艺丛刊第一集

述林社／一九四一年

丁聪：

漫画人物的多样展示

丁聪

"良民"塑像

"公仆"

《周报》封面漫画选页

　　丁聪，一九一六年生于上海金山。著名漫画家，也是杰出的书籍装帧艺术家。

　　丁聪的父亲丁悚是中国漫画界元老级的人物。丁聪自幼耳濡目染，从二十世纪二十年代起就开始发表漫画。抗战胜利后的一九四七年和一九四八年达到了他创作的巅峰。漫画量多质高，为人民请命，为民主呼号，无不切中时弊。唐弢、柯灵主编的《周报》一九四五年创刊，只出了四十八期就被迫停刊。从第十五期开始，期期封面都是丁聪的漫画。被锁着嘴巴、塞着耳朵、蒙着眼睛、连脑浆都要接受检查的"良民"（《"良民"塑像》），骑在人民身上作威作福的"老爷"（《"公仆"》），每一幅都让老百姓拍手叫好，每一幅都使统治者胆战心惊。《周报》休刊号的《"我"的"言论自由"》，撕开了统治者假民主、真专制的丑恶嘴脸，可称杰作。

　　丁聪的书装设计，也大多创作在这一风雷激荡的年代。他的书衣以漫画人物为主，很少使用图案、风景。

　　徐昌霖的剧作《重庆屋檐下》大陆图书杂志出版公司版的封面由丁聪设计。画面上方是密布的乌云，浓云中书名五个大字，给人以极度压抑之感。云下是一间房子的剖面，中间一根立柱分开，右边是穷苦的文人伏案劳作，孩子嗷嗷待哺；左边是富人寻欢作乐，沙发、屏风，豪华奢靡。画家在方寸之间再现了重庆屋檐下截然不同的两种生活。

　　《黄金潮》是徐昌霖另一部剧作，丁聪为一九四五年上海大陆出版公司再版本创作的封面，一油头粉面者一只手正托着一位老人的面孔亲吻，另一只手却伸过来绕到老人背后攥着一锭黄金。几乎占满画面的这只黑色弯曲的手臂又被两条黄线贯穿，构成一个特殊的 $ 符号，揭露出某些人黄金投机、

《重庆屋檐下》
徐昌霖著
大陆图书杂志出版公司／一九四四年

《黄金潮》
徐昌霖著
大陆出版公司／一九四五年

《周报》
休刊号
五洲书报社／一九四六年

巧取豪夺的丑态。漫画手法的运用，放大了讥刺的效果，加重了鞭挞的力量。

丁聪以漫画人物为主的这一特点，后来做了进一步强化。人物全靠线条描绘，很少用光影渲染，具有强烈的雕塑感。人物形象的刻画，人物关系间的组合，又有着各不相同的展示。

《沸腾的岁月》，袁水拍的诗集，收入诗人一九四二年到一九四六年的新诗。熬过艰苦的日子，抗战取得胜利，战火又起。诗人说：岁月"像火一样燃烧我们，谁能够不沸腾呢"？封面上一个历尽沧桑的老人头像，面对现实，神情无奈，但坚忍，有种希望之光。特写式的处理，给人印象极深。翻卷日历上的"1947"，昭示岁月长河流淌不息。

美国女作家丽琳·海尔曼的剧本《守望莱茵河》，冯亦代译，一九四七年新群出版社新印本的封面设计者是丁聪。画面中男主人公只截取半身，压低的礼帽下露出的一只眼睛，专注在右腕手表的表盘，神秘而诡异。远处女子的探寻姿态，增加了画面的戏剧效果，也衬托出空间感。画家只用蓝、黑两色，加重了画面的阴冷气氛。

《沸腾的岁月》　　　　　　《守望莱茵河》　　　　　　《生命的〇度》
袁水拍著　　　　　　　　　（美）丽琳·海尔曼著，冯亦代译　　臧克家著
新群出版社／一九四七年　　新群出版社／一九四七年　　新群出版社／一九四七年

　　《生命的零度》是诗人臧克家的名篇。一九四七年隆冬的一个早晨，他在报纸的《本地新闻》栏上看到了一则报道：上海"经过一整天的大风雪，昨夜慈善机构在各处检收了八百具童尸"。诗人义愤填膺，提笔写下了这首诗。八百个活生生的生命，"像一支一支的温度表，一点一点地下降，终于降到了生命的零度"。这年新群出版社出版的臧克家的诗集就以这首诗的篇名作为书名。丁聪的封面只画了稿纸后面诗人的半个面孔，严肃庄重，眼中喷射出怒火，握笔的手充满力度地画出了一个〇，与上下的汉字组成书名《生命的〇度》。

　　《混沌》为骆宾基的自传体小说，作家以儿童的视角描绘出社会的变迁。紫色铺底的封面中心，方形画面上少年与母亲的表情深沉，体现出生命的尊严。画面上下的书名和作者名字，一律反白，简括醒目。

　　钱锺书的长篇小说《围城》，为当时"晨光文学丛书"的一种。这套丛书封面设计的格局大体相同，区别在于右下方方框中内容的变化。初版本封面丁聪画了一男一女的半身像，两人相背而立，都是一手搭在臂弯，各做默想。画家以小见大，让人想到书中"围城"内外知识界男女的人情世态。

《混沌》

骆宾基著

新群出版社／一九四七年

《围城》

钱锺书著

晨光出版公司／一九四七年

《四世同堂》

老舍著

百花文艺出版社／一九八三年

　　丁聪的封面人物，以半身肖像居多。《人世间》第一卷第一至六期，每期都是半身人物，但形象、动势、神态各异，内涵丰富。作家姜德明曾就"为什么只用人物半身"这个问题请教丁聪，丁聪的回答是："如果人物画成整体，或再加上环境描写，岂不成了书籍插图？"（《〈围城〉的封面》）这固然是一个原因，而半身肖像更易于在封面限定的狭小范围内突出人物的神情，似也应是原因之一吧。

　　《四世同堂》的封面是一九四九年后丁聪的作品。老舍这部长篇小说描写北京沦陷时期，居住在小羊圈胡同以祁家为中心的十几户人家的生活。祁家是四世同堂的大户，在国难当头、民族危亡的时候，家人中有激于民族大义，辍学从军；有不堪敌人凌辱，投河自尽；有忍受亡国之痛，挣扎生存；有追慕繁华，为虎作伥。这部书最早由晨光出版公司初版，以后多个出版社多次出版。丁聪为一九八三年天津百花文艺出版社的《四世同堂》设计的封面，不同于以往。他没有使用漫画人物，而是只画一座典型的北京四合院的门楼，简练概括了全书的核心形象。时代风雨，人事变故，地域特色，全部浓缩在

《阿 Q 正传》插图

《新百喻》插图

插图选页

《人世间》

第四期

利群书报发行公司／一九四七年

《人世间》

第五期

利群书报发行公司／一九四七年

《戏剧春秋》

夏衍等著

作家书屋／一九四六年

这个图案化的门楼之中。

插图画家的丁聪，一九四三年在成都时曾为鲁迅的《阿 Q 正传》插图。当时在《华西晚报》副刊连载，一九四四年结集出版。茅盾在《序言》中说：

> 构图的大胆而活泼，叫人想起小丁的全部风采。二十四幅画，从头到底，给人的感觉是阴森而沉重的……我是以为阴森沉重比之轻松滑稽更能近于鲁迅原作的精神的。

当年的制版、纸张条件极差，丁聪的画是请刻字铺的艺人刻在木板上直接上机器印刷的。为了照顾刻工方便，画面上用的直线特多。茅盾的《序言》在指出画家对阿 Q 这个典型人物之复杂与深刻、矛盾而又统一的性格的表现尚有不足的同时，希望在"铸版印刷的艺术条件也会改善"的不久的将来，画家能弥补这个"缺望"。

一九四六年，丁聪和吴祖光在上海联手主编《清明》杂志。第七期刊载

花街

《清流万里》

于伶等著

新群出版社／一九四七年

《呼嚎》

沙汀著

新群出版社／一九四七年

《雾城秋》

艾明之著

新群出版社／一九四七年

了吴祖光的《断肠人在天涯——花街行》，文章追述一九四三年夏天，他和吕恩、丁聪等人，化装探访当时成都下等妓女集中的"花街"。丁聪配了题名《花街》的插图。灯光昏黄，"人肉市场"乌烟瘴气，妓女形销骨立。丁聪说："我没有为肉臭而掩鼻，我却憎恨那些'冠冕'堂皇外表内里藏着的更腐臭的心，因为这是一切腐臭的根源。"（《"花街"的访问》）一幅画表现了一位艺术家的社会良知。

一九五七年，丁聪被划为"右派"。二十年后得到改正时，他已经是六十岁的老人了。但老而弥坚，佳作不断。他又为鲁迅的《呐喊》《彷徨》和《故事新编》画了三十多幅插图，实现了多年的夙愿。晚年与杂文家陈四益合作，陈文、丁画的《百喻图》《唐诗图》《世相图》和《竹枝图》，文画相生，珠联璧合，更成为上世纪八十年代至本世纪初一道特殊的文化风景。

二〇〇九年丁聪逝世。陈四益著文悼念，文末偈语曰："难合时宜，命蹇途凶。宠辱无系，贵贱等空。秉性坚贞，耻为附庸。行我所行，攻我所攻。九死未悔，有始有终。"

曹辛之：

落落大方又沛然稳重

曹辛之

《九叶集》

辛笛等著

江苏人民出版社／一九八一年

　　书籍装帧艺术家曹辛之，首先是诗人杭约赫。

　　杭约赫是曹辛之常用的笔名。杭约赫，取长江船夫号子的谐音。一九一七年，曹辛之生于江苏宜兴。自幼酷爱文学艺术，一九三六年为宣传抗日救亡开始了创作。一九四〇年在重庆生活书店任《全民抗战》周刊编辑，正式投身文化出版事业。一九四五年三月，出版了第一本诗集《春之露》，署名"曹吾"。诗集出版时，诗人另印五十册分赠友人，书名改题《撷星草》。他说："本来，我是个学画的，在能够涂抹彩色时，也偶尔用诗这一形式来抒阐自己的爱和悒郁。"（《〈撷星草〉序》）抗战胜利后，曹辛之返回上海。一九四七年，创办《诗创造》。第二年，又与友人创办《中国新诗》。杭约赫和辛笛、陈敬容、郑敏、杜运燮、唐祈、唐湜、袁可嘉、穆旦的诗作，因其中国式现代主义诗的风貌，而被视为新现代派（多年之后，文学史上称之为"九叶派"）。他先后又有《噩梦录》（一九四七年十月）、《火烧的城》（一九四八年五月）和《复活的土地》（一九四九年三月）等诗集面世。中国新诗史上留下杭约赫坚实的足迹。从重庆到上海，曹辛之也开始了书籍装帧的艺术生涯。《论第二战场》《江之歌》《北望园的春天》《手掌集》以及两本杂志的装帧等早期的作品，或端庄简洁，或清丽隽秀，无不温雅明净，自成风格。

　　一九四九年后，诗人杭约赫在中国大陆诗坛消失了。虽然香港出版的新诗选中还选入杭约赫的诗篇，台湾也有人在文章中论及杭约赫。消失的原因，一是曹辛之的工作从上世纪四十年代末已经转为书籍装帧与出版，写诗仅成了业余爱好；二是他和他的诗友的不同一般的艺术见解和创作风格，被认为与工农兵方向不合，而受到批判和排斥，他不得不中断新诗的创作。一九五七年，更大的厄运降临，曹辛之陷入"右派"罗网，流放北大荒，由

《论第二战场》

（美）M·威尔纳著，于怀译
生生出版社／一九四四年

《江之歌》

靳以等著
五十年代出版社／一九四五年

《北望园的春天》

骆宾基著
星群出版公司／一九四六年

《手掌集》

辛笛著
星群出版公司／一九四八年

《诗创造（饥饿的银河）》　　《诗创造（第一声雷）》　　《中国新诗》
第四期　　　　　　　　　　　第二年第一辑　　　　　　　第三集
星群出版公司／一九四七年　　星群出版公司／一九四八年　森林出版社／一九四八年

此开始了二十多年的崎岖坎坷。艺术家的曹辛之也被迫放下了画笔。

　　曹辛之的书装作品，五十年代的为数不多。《印度尼西亚共和国总统苏加诺工学士博士藏画集》，一九五九年曾获莱比锡国际书籍艺术展览会整体设计金奖。他的大量创作完成于一九七八年"右派"改正之后至一九九五年逝世之前，这十多年时间，年老体弱的艺术家以不懈的努力和追求为我们留下了丰硕的成果，除了大型套书《郭沫若全集》《茅盾全集》的整体设计之外，更多的是文学、艺术、理论等书籍和期刊的装帧。

　　曹辛之不喜欢把过于写实的图像引进画面，而是追求内在的美。构图讲究简练，他认为画面表达多了，含蓄就少了，韵味就单薄了；色彩讲究淡雅，他喜欢用和谐的中间色调，很少用强烈的对比色彩。他的书籍装帧设计高逸、明丽、清朗、挺秀，蕴含着书卷气和诗意美。

　　端木蕻良的历史小说《曹雪芹》的封面，曹辛之设计得古朴凝重。上方是浅灰色瓦当图案，紫红色的"曹雪芹"三字居中横排，作者名字则反白处理；中央嵌上"上卷"的朱红印章，标明了卷次；地脚加上"长篇小说·插图本"，

《寥寥集》

沈钧儒著

三联书店／一九七八年

《龙胆紫集》

李锐著

湖南人民出版社／一九八〇年

《曹雪芹》

端木蕻良著

北京出版社／一九八〇年

说明了书的体裁并非学术类的传记,也使封面的布局更为均衡丰满。《曹雪芹》上卷一九八〇年出版，后又出版了中卷，可惜下卷终未写完，端木先生就因病去世。半部书稿，留下难以弥补的缺憾。

《寥寥集》为沈钧儒的诗卷。沈钧儒，著名的民主人士。一九三六年十一月，为抗日救国，与邹韬奋、李公朴、王造时、沙千里、章乃器、史良等六人被当局逮捕入狱,时称"七君子"事件。诗卷封面,米色纸上只有一丛写意的墨兰，兰叶舒展，姿态优美。

《龙胆紫集》为李锐"文革"狱中诗。八年间用药棉签蘸着龙胆紫药水，写在《列宁文选》上的空白处，得以幸存。诗作表现了一个老革命家的不屈斗志和乐观精神。蓝色封面左上角是小的铁窗，窗外一弯月亮，气氛凝重凄冷。一朵灿然开放的小花，给人以希望。

一九八一年出版的《九叶集》，选收了"九叶派"诗人的代表作品。这是一九四九年后中国大陆第一次出版带有流派色彩的新诗选集，曹辛之为书的封面着意经营。一株大树浑厚稳重,九片树叶错落有致,叶片饱满富有生机;

《莎士比亚喜剧五种》

方平译
上海译文出版社／一九七九年

草绿色的树干树叶，图案化之后如同剪纸，充满拙朴的情趣；阴文的"九叶集"三个大字，挺秀大方，书名上下分别为九位诗人的名字和出版社名。曹辛之用大树绽出新叶和连贯的叶脉，隐喻九叶诗人艺术风格的相近相通。铺满土黄的底色，喻养育诗人的沃土。《九叶集》书衣诗意纵横，实在是足以传世的佳构。

　　曹辛之强调装帧设计对书籍内容的从属性，认为成功的设计总是和他所装饰的作品成为一个完美的整体。他重视书籍装帧的整体意识，从书的开本、封面、环衬、扉页、版式、字号、纸张到插图、尾花等各个元素，无一遗漏。

　　《莎士比亚喜剧五种》封面，浅绿色的底色上是一幅颜色稍深的伊丽莎白时代的舞台图样，这样的背景与书名相称，因为当初莎士比亚的喜剧就是在这"环球剧场"的舞台上演出的。莎士比亚一生写了十多种喜剧，书中只收五种，封底横列了五种剧名，与封面书名遥相呼应。书名的放置极具巧思，两行文字的书名分割了封面，本来会显得平板呆滞，但画家用了个阴文的阿拉伯数字5，点石成金，画面顿时活泼起来。诗人方平对此的分析挺有趣味：

《花步集》

黄裳著

花城出版社 / 一九八二年

《唐弢杂文集》

唐弢著

三联书店 / 一九八四年

《饮水词》

纳兰性德撰

广东人民出版社 / 一九八四年

《李商隐诗选》

李商隐著

广东人民出版社 / 一九八四年

《最初的蜜》

曹辛之著

文化艺术出版社 / 一九八五年

《钱锺书论学文选》

舒展 选编

花城出版社 / 一九九〇年

"这突如其来的'5'，倒是有些像莎士比亚喜剧中少不了的插科打诨的丑角，他们百无禁忌，不受礼节束缚，给喜剧增添了欢乐诙谐的气氛。'种'字面积小了许多，好像给淘气的'5'字做个配角，一个捧哏，一个逗哏，成为一对可笑的滑稽演员。这样，我们看到，封面上并没有出现穿花绿衣服的丑角形象，而只是通过文字，平添了不少戏剧性的生趣。"（《如饮芳茗，余香满口——谈曹辛之的装帧艺术》）

汇集了曹辛之四十年代新诗精华的《最初的蜜》，为狭长的三十二开竖排本。书脊左面的一面是封面，浅棕色的六行诗句上，是深蓝色的书名和作者署名，手写的宋体字，俨然宋刻雕版。社名用朱红篆刻处理。"杭约赫诗稿"既是装饰，也是对"杭约赫就是曹辛之"的交代。书脊和封底为深蓝色，封底书名"最初的蜜"汉字反白，上方是书名的汉语拼音，下方是由竖琴和鹅毛管组成的小型纹样。封面和封底，白色和蓝色的结合，"既成了鲜明的对比，又成了和谐的呼应"。（王朝闻：《"领你去会见自己"》）封面诗句："记忆给我们带来慰藉，／把捉一线光、一团朦胧，／让它在这纸片上凝固。／

凝固了你的笑、你的青／春。生命的步履从这里／再现，领你去会见自己。"年轻诗人对人生的审读和生命的自省，至今读来魅力不减。

曹辛之说："民族形式并不是简单地把几个汉代车马图案或唐代飞天搬来搬去，而是要根据作品的内容、时代的特点加以变化和创新。既要注重时代性和民族性的结合，又要讲究意境美、装饰美和韵律美。"（刘梦岚：《"生活精神"和书卷气》）

钱君匋评曹辛之：

> 他的书籍装帧非常清新静穆，一点也不哗众取宠，一条线一块色都经过他的构思、安排，极其妥帖，而且有生气。他的书籍装帧整个儿是一件珍珠宝贝，说他恬静又不恬静，说他鼓噪又不鼓噪，真是恰到好处，表现的东西都被搞得服服帖帖，一眼看去，仿佛都是他的思想感情的流露，彻头彻尾的流露。（《想起了曹辛之》）

"落落大方而又沛然稳重。"诗人艾青在《曹辛之的诗》中，这样概括书装家的艺术风格。

曹辛之是中国现当代书籍装帧史上承前启后的大家。

读曹辛之的书籍装帧作品，读到的是传统意识和现代意识的衔接，是诗人杭约赫有古典意味的现代诗情的凝固。

范用：

《叶雨书衣》的鲁迅遗风

范用

拜拜诺娃像 （苏）毕可夫

《编辑忆旧》插页

中国现代作家和编辑家关注书籍装帧，且亲自参与设计的有鲁迅、巴金等大家。而当代终生钟情书籍设计并做出独特贡献的，当属出版家范用。

范用，原名范鹤镛。祖籍浙江镇海，一九二三年生于江苏镇江。一九三七年，因躲避日寇，只身到汉口投靠舅公。一九三八年，入读书生活出版社当练习生。他回忆当年与封面结缘：

> 社里派我到胡考先生那里取封面稿，有的封面是当着我的面赶画出来的。我看了挺感兴趣。
>
> 于是我也学着画封面。并非任务，下了班一个人找乐儿偷着画。一次，出版社黄（洛峰）经理看到了，称赞了几句，我非常开心。以后，有的封面居然叫我设计了。当然，我的作品很幼稚，如小儿学步。(《〈叶雨书衣〉自序》)

当时，读书生活出版社的斜对面就是开明书店，范用还可以向住在那里的丰子恺先生请教。一九四九年后，当年由生活书店、读书生活出版社和新知书店合并而成的生活·读书·新知三联书店，并入人民出版社，仅作为副牌保留。范用在人民出版社分管三联书店编辑部和社美术组。他说，美术组设计了封面，"让我审批，有时不满意，反复几次，书等着印，于是我就自己动手设计"，"因为是业余做的，后来我就署名'叶雨'。'叶雨'，业余爱好也"。二〇〇七年《叶雨书衣》自选集出版，让读者见识了范用对书籍装帧的才智与匠心。

中国书法以点画、线条、墨色为符号，笔歌墨舞中洋溢着东方韵味；而

《诗论》

朱光潜著

三联书店 / 一九八四年

《存在集》

李一氓著

三联书店 / 一九八五年

《随想录》

巴金著

三联书店 / 一九八七年

作为书法、绘画、雕刻三结合艺术的中国篆刻，金石趣味尤为独到。它们在书籍装帧中绝不逊色于任何一种高超的具象图案。鲁迅常用书法和篆刻装帧书衣。这一手法，范用可谓得心应手，娴熟老练。

《诗论》是美学家朱光潜的名著，作者自认为是在他的著作中"用功较多，比较有点独到见解"的一部。"试图用西方诗论来解释中国古典诗歌，用中国诗论来印证西方诗论；对中国诗的音律、为什么后来走上律诗的道路，也作了探索分析。"（《〈诗论〉后记》）范用将原稿的"诗论"两字和作者名字放大，分别用灰色和黑色放入白色封面，然后加朱先生的印章"孟实"。大方简洁，富有层次感。李一氓的文史杂论集《存在集》，则是在封面布满大小方圆不一的名章和闲章，且安排妥帖，朴茂的金石之气溢于书表。

书衣用手稿装帧，范用有着发展和创新。巴金的《随想录》是说真话的书，范用认为这是一部当时难得且将传之后世的经典。一九八三年，三联书店分为《随想录》《探索集》《真话集》《病中集》《无题集》出版。一九八七年合为一册，书名《随想录》。范用将巴金的手稿影印，从封面穿过书脊延展到封底，

《懒寻旧梦录》

夏衍著

三联书店 / 一九八五年

《编辑忆旧》

赵家璧著

三联书店 / 一九八四年

全部铺满。夏衍的《懒寻旧梦录》等书的护封，也都是这样装饰。书的基调苍凉凝重，读者会从手稿联想到书中的人生沧桑，增加了文字的情感意义。

三联书店在上世纪八十年代初出了一套关于书的书：郑振铎的《西谛书话》、唐弢的《晦庵书话》、孙犁的《书林秋草》、曹聚仁的《书林新话》等。这套书话集不用丛书的名称，封面各不相同，仅书名与署名使用作者的手迹（《西谛书话》稍有例外）。范用设计的扉页，全部是细线边框，框内上方偏右是竖排或横排的书名和作者姓名，下方偏左是一幅作者的手稿。设计者的妙思睿智表现在以此显示了丛书的统一格式，又借作家字迹、书写行款以及边框颜色的不同，表现了单本个性。

《编辑忆旧》是赵家璧有关编辑出版的回忆文字的结集。范用用黑色敷底，装饰了一幅红色线描图《播种者》，书名和作者名字反白。黑色、红色与白色交相映照，是鲁迅封面装帧的常见搭配。范用的设计意切旨深。《播种者》是良友图书印刷公司的标记；二十世纪三十年代，赵家璧在良友任编辑多年。《编辑忆旧》"几乎都是写作家们在'良友'出书的经过，用此构图容易引起

146

扉页选页

《读书随笔》（一集）　　　　《读书随笔》（二集）　　　　《读书随笔》（三集）
叶灵凤著　　　　　　　　　　叶灵凤著　　　　　　　　　　叶灵凤著
三联书店／一九八八年　　　　三联书店／一九八八年　　　　三联书店／一九八八年

当事人和读者们的联想；赵老长期当文学编辑，就是文学的播种者，用此构图也就很有象征意味；此图又有装饰美，作封面很合适"。（倪墨炎：《未曾谋面的范用》）范用说："这个设计算是比较大胆，甚至出格。"（《叶雨书衣》）

《读书随笔》为叶灵凤书话的精选。范用选用比亚兹莱的《维娜斯与唐豪森》《赫洛德的眼睛》和《阿赛王的故事》三幅图画，分别放入绛红色、米黄色和蓝色的一、二、三集封面。内文也用比氏的作品装饰。叶灵凤说："我年轻时候很喜欢比亚斯莱的画，觉得他的装饰趣味很浓，黑白对照强烈，异怪而又华丽，像是李贺的诗，曾刻意加以模仿，受过不少的称赞，也挨过不少的骂。"（《郁达夫先生的〈黄面志〉和比亚斯莱》）一生挚爱，至老未变。范用的这一设计，叶灵凤地下有知，一定有会心的喜悦。

这类用画面装帧的设计，范用不拘一格。《弗洛伊德和马克思》，红底反白了一幅抽象线描。《水泊梁山英雄谱》，绿底上移用了书中六个人物意态鲜活的绣像。

鲁迅在请陶元庆为《坟》设计封面时表示："不妨毫不切题，自行挥洒

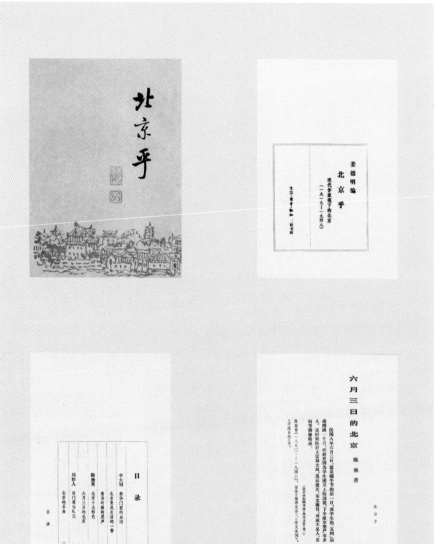

《北京乎》（三联书店一九九二年出版）封面、扉页、目录和内文选页

《弗洛伊德和马克思》　　　　　　《水泊梁山英雄谱》

（英）奥兹本著，董秋斯译　　　　孟超文，张光宇画
三联书店／一九八六年　　　　　　三联书店／一九八五年

也。"（一九二五年九月三十日致许钦文信）范用的装帧不刻意寻求封面与文本之间的密切配合。《将饮茶》《牛棚日记》等，白底封面的左下角，只有寥寥几笔的小花小草，与书的内容毫无关联，却散发一种入目动心的纯净。

　　范用坚持鲁迅的设计理念，主张"书籍要整体设计，不仅封面，包括护封、扉页、书脊、底封乃至版式、标题、尾花，都要通盘考虑"。（《〈叶雨书衣〉自序》）姜德明编的《北京乎》选收一九一九年至一九四九年间七十四位现代作家笔下的北京，一百二十一篇文章。封面称得上大家手笔的集合：启功题写书名，邵宇画画，曹辛之篆刻印章。配置简明，连出版社的社名都没有印出。范用说："不为别的，只为这个封面上没法再加别的东西了。"序言、扉页和目录均饰以红色线框，内文的版式也很讲究，正文竖排，版心偏下，天头极广，古意高远。一卷在握，就仿佛闻到书香，这书香浓郁而新鲜。

　　范用经手组织的几套丛书，特色各具。

　　"读书文丛"，有《西窗漫记》（董鼎山）、《红楼启示录》（王蒙）等多种。封面布色单纯，印在白底上的主要图案是影印的断开的手稿，每本变换的是

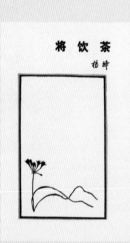

《将饮茶》

杨绛著
三联书店 / 一九八七年

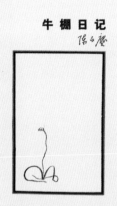

《牛棚日记》

陈白尘著
三联书店 / 一九九五年

《西窗漫记》

董鼎山著
三联书店 / 一九八八年

《红楼启示录》

王蒙著
三联书店 / 一九九一年

《欧洲文化的起源》

（苏）兹拉特科夫斯卡雅著，陈筠等译
三联书店／一九八四年

《葱与蜜》

绿原著
三联书店／一九八五年

《所思》

张申府著
三联书店／一九八六年

《番石榴飘香》

加西亚·马尔克斯等著，林一安译
三联书店／一九八七年

排列方式和颜色。丛书的标记为一个坐在草地上读书的女子，旁边一只飞鸟。清秀雅丽，单纯中见丰富。绿原的《葱与蜜》为"今诗话丛书"的一种。黑色的宋体字书名，红色的作家签名，犹如一枚闲章的红底反白的丛书名称，三者压在白色书封上，醒目疏朗。这套丛书每本的封底都汇集了三联出版的一些与诗有关的书目，便于读者延伸阅读。范用认为，"这也属于设计因素"。"文化生活译丛"，如《番石榴飘香》，细线和色框叠加，简洁庄重。"外国历史文化知识丛书"，如《欧洲文化的起源》，"黄底色之上，以橙色组成块面和古典图案，同类色相加，形成一种和谐、厚重的感觉"。（范用：《叶雨书衣》）

《叶雨书衣》中收入的作品主要创作在二十世纪七十年代末到八十年代中期，范用主政人民出版社和当时尚未独立建制的三联书店，创造了辉煌的一页。一九九八年，学者许纪霖在《文化品牌才是最大的财富》文中回顾改革开放的二十年，他认为，"倘若没有了三联，这二十年的思想启蒙和知识分子的历史很可能要改写"。

二〇一〇年，范用辞世。

思伽在《为书穿上有灵魂的衣裳》一文中说："范用先生清雅的设计风格，如同一泓泉水，映照出一个失去的时代。他擅长使用手迹、签名、印章、框线、版画、单纯的色块，将这些朴实的素材编织成一件件书衣，虽不华美，但是合体、耐看，在一片热闹中反倒显得夺目。"

范用的书籍装帧师承和彰显了鲁迅遗风。

张守义：

简约绘画与贴切装饰的交融

张守义

《茶花女》

（法）小仲马著，王振孙译

外国文学出版社／一九八六年

　　二十世纪七十年代末，中国刚刚走出"文革"。为缓解十年浩劫所造成的书荒，人民文学出版社曾有名著重印之举。久违了的十九世纪俄、法、英、德等文学名家的经典名作，开始回归。在出版社重版或随后新版的名著中，张守义独树一帜的插图引起读者惊叹。

　　张守义的插图与传统插图的勾线描绘不同，为大写意的黑白画。一个个充满洋味的人物造型，大多不画脸，省略了眉眼，以背影居多。张守义主张"少用人的面部五官传情，多用人的动势传情"。（《我的设计生活》）追求神似，以一当十，收到了特殊的艺术效果。

　　《巴黎圣母院》是法国作家雨果的代表作，情节曲折离奇，美与丑、善与恶对比鲜明。张守义的插图是为几个主要人物造像：埃斯梅拉达美貌聪慧，她拒绝了神父克洛德·富洛娄的威逼利诱，最后被诬陷处以绞刑，画面只是她修长身材的剪影，留给读者以满怀情思；克洛德·富洛娄被尊为"道德卫士"，但狠毒自私，因为埃斯梅拉达不接受他的爱，竟被他置于死地，画家以教堂的高窗和他跪下的身姿来象征他的虚伪阴险；阿西莫多面目丑陋，但心地善良，是他先救出埃斯梅拉达，后又将克洛德·富洛娄从教堂楼上推下，插图以动势表现了他的急迫，也交代了他敲钟人的身份。人物皆神态贴切，笔墨凝练。

　　张守义是一位一直坚守在插图绘画和图书装帧领域的大家。一九三〇年生于热河省平泉县（今属河北省）。平泉，土名八沟，是当年驼商赴关外的必经之地，经济发达，文化昌盛。在张守义的童年记忆中，小镇街上经营文房四宝的店铺及各类商号林立，有着浓厚的文化氛围。

　　张守义从小就喜欢画画。一九五四年毕业于中央美术学院绘画系。他曾

156

敲钟人阿西莫多

街头卖艺的吉卜赛少女埃斯梅拉达　　　　巴黎圣母院副主教克洛德·富洛娄

《巴黎圣母院》插图选页

《安达瑞的故事》

（锡兰）帕拉穆涅提拉克著，刘寿康等译
人民文学出版社／一九六三年

经因病休学一年，没能赶上应届的国家统一分配。两年后，他在同学的引荐下到人民文学出版社任美术编辑。一九六一年，进入中央工艺美术学院装帧专业进修，经历了从画家到设计师的身份转变，真正爱上了装帧艺术，并为之贡献了一生。二十世纪五十年代到七十年代，书的封面设计基本上是一幅简单的画和书名、作者、出版机构等几行文字的排列。张守义当时就在图片的安排、插图、总体结构和整个书籍的关系等方面，做出新的尝试。《安达瑞的故事》等书的设计，从封面、封底到护封，精心运筹，追求一种和谐的整体之美，印上他探索的脚印。张守义称得上中国当代书籍装帧领域里程碑式的人物。

张守义说："设计者自己创作绘制的一幅具象或抽象的图像，经设计后置于封面、书脊、封底、扉页等书页上，为'手绘本'设计。"（《我的设计生活》）绘制"一幅具象或抽象的图像"是设计的第一步，但装帧主要是设计，并不是画面。日本装帧艺术家恩地喜四郎说："画本身并不能构成装饰。"因之，这幅绘画必须经过设计，恰切地"置于封面、书脊、封底、扉页等书页上"。

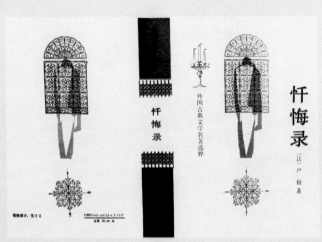

《忏悔录》

〔法〕卢梭著，黎星译
人民文学出版社／一九八二年

《娜娜》

〔法〕左拉著，郑永慧译
人民文学出版社／一九八五年

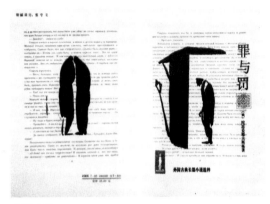

《罪与罚》

（俄）陀思妥耶夫斯基著，朱海观等译
人民文学出版社／一九九一年

　　张守义书籍装帧作品是简约绘画与贴切装饰的交融。

　　《忏悔录》是法国作家、思想家卢梭的自传文学作品。他要把自己的一生坦白地陈列出来，既不掩饰恶，也不夸大善。他期望读者倾听他的忏悔，引发读者也在上苍面前反躬自省。封面和封底用的是同一画面，教堂内一个低首忏悔者的背影。大量的留白，加重了气氛的肃穆和压抑。对称的细密纹样的衬托，加强了装饰感。

　　法国作家左拉的小说《娜娜》，描写底层妇女娜娜的精神困顿与堕落，最终死去的悲惨遭遇。外文书页衬底的封面上是娜娜的侧面头像，笔墨简练到无法加减一笔的极致。粗重和细巧的笔道组织巧妙，跳跃和谐。封底左上方框内黑底反白的两个人物，看来是娜娜和她的追求者。画面很小，而方寸之间依然聚敛着张力和动感。

　　俄国作家陀思妥耶夫斯基的《罪与罚》，获得了世界声誉。小说叙述拉斯柯尔尼科夫犯罪杀人，在索尼雅自我牺牲解救人类苦难的精神感动下，去官府自首，并皈依上帝。同样是用外文书稿铺满封面、封底，但人物全用大

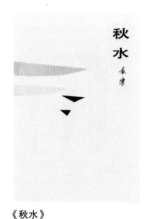

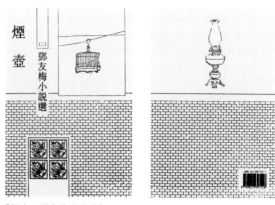

《秋水》
袁鹰著
百花文艺出版社 / 一九八四年

《烟壶　邓友梅小说选》
邓友梅著
新亚洲文化基金会有限公司 / 一九九六年

笔触的黑白画就，夸张变形，分寸得当。

《秋水》为袁鹰的散文集。他喜欢杜甫"秋水为神玉为魂"的诗句，说："这'秋水'二字，透着清澈淳静，而又浩渺充盈，悠悠然使人神往，更能作为对自己为人为文的一种激励。"白色封面如无涯秋水，一二抽象化的沙洲和小船点缀其中，境界空灵，笔墨极为简省。

邓友梅的短篇小说选《烟壶》的封面、封底，张守义用鸟笼、油灯、砖墙、贴着剪纸的房门等凝练含蓄又富有装饰性的造型，浓缩了一个历史时代普通城市平民赖以生存的空间。小小鼻烟壶的"壶里乾坤"，映照出清末巨室寒门的众生世相，演出了三教九流的悲欢离合。

张守义说："书籍美术最重要的作用在于将书籍展示的思想和精神用画笔简约地表现出来。精彩的装饰设计和插图能使读者形象地感觉到书的深刻内涵。"（陈原：《书籍美术，不只是嫁衣裳——访书籍美术家张守义》）

法国作家小仲马的小说《茶花女》是一部凄切婉转的人间悲剧。玛格里特爱阿尔芒，希望过上新的幸福生活，但这希望被阿尔芒的父亲摧毁。只要

《巴尔扎克全集》　　　　　　　　《章炳麟评传》

（法）巴尔扎克著　　　　　　　　姜义华著
人民文学出版社／一九九八年　　　南京大学出版社／二〇〇二年

阿尔芒拥有幸福，即使毁灭自己的幸福也在所不惜，是她唯一的心愿。画家
为玛格里特的悲惨命运和真挚爱情感动，封面方框内是玛格里特的侧面剪影，
风情万种，楚楚动人。张守义自述他的设计："立意是一个'贞'字，我画
了一个纯洁的美丽姑娘头像永远呈现在书上——铭刻在广大读者的心灵中。"
（《我的设计生活》）

　　《巴尔扎克全集》的封面，张守义以作家手稿和案头台灯素描营造小说
的特定氛围。张守义爱灯，收藏了各个年代不同艺术造型和实用功能的灯盏。
他说："我选用了巴尔扎克写作台上的一盏灯，这位作家喜欢在深夜写书，
他写每一本书用了多少灯油，都写在自己的日记中。"（《藏灯人语》）

　　《章炳麟评传》是"中国思想家评传丛书"的一种。这套大型丛书，二百部，
六千万言，包罗从孔子到孙中山共二百六十位思想家，时间跨度两千五百年。
张守义的设计是每张封面一盏灯，二百多盏中国各个时期的古灯构成了灯的
长河。思想家在灯下著书，后来人在灯下读书，思想、科学、文化得以传承。

　　"装帧设计无论是抽象的还是具体的都需要你融入自己的感情和观点，

《茶花女》插图

《堂吉诃德》插图

《罗摩衍那》插图

插图选页

这样才会形成别致的风格。"张守义认为，"这是书装的真谛"。(蔡一鸣：《为书穿上美丽衣裳的装帧艺术大师张守义》)

张守义的插图，在电脑技术飞快发展并迅速地进入书装设计过程之后，并没有受缚于电脑软件，而是别有创意。一幅画面由主图和副图两个部分组成。主图多为人物，毛笔手绘，仍然是以写意、单色大块黑白画为主，抽象简练；副图位于主图背后，则选用同插图主题相关的风景、建筑、花草、树木或雕塑、绘画等照片，具象写实。二者有较大的反差，拙朴苍健与华美流畅，对立统一，相辅相成，呈现一种现代风貌。《茶花女》《罗摩衍那》《堂吉诃德》等插图，开拓了这一表现领域。

张守义认为，"书籍装帧设计和插图创作，是一门从属性艺术。它从属于书"。强调画家要对原作有深刻的感受和准确的理解，"但它又不是简单再现作家的书稿，不是复印，而是对作品主题的表现、补充与强化，具有相对的独立性，是一种创作。"(《我的设计生活》)

二〇〇八年，张守义因病去世。生前一次接受记者访问时，他坦言书籍装帧工作的"三怕"：

　　一怕没生活，表现不出作品的内涵；二怕对书稿不了解，装帧艺术需要"感而思、思而积、积而满、满而做"，"快餐式"草草浏览书稿，匆匆弄出的东西不会有艺术性；三怕遇上不喜欢的书稿，遇到摊派的"任务稿"，味同嚼蜡，无从下手。(蔡一鸣：《为书穿上美丽衣裳的装帧艺术大师张守义》)

 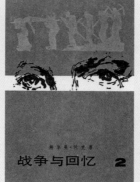 

《战争与回忆》

（美）赫尔曼·沃克著
人民文学出版社／一九八一年

《燃灯者》

（马耳他）安东·布蒂吉格著
人民文学出版社／一九八一年

《冰岛渔夫》

（法）洛蒂著，戈沙译
外国文学出版社／一九八三年

《外国著名悲剧选》

本书编委会
河南人民出版社／一九八七年

《外国著名喜剧选》

本书编委会
河南人民出版社／一九九一年

《留梦集》

张中行著

中国文联出版公司／一九九五年

《老油灯》

张守义编

团结出版社／二〇〇〇年

《死屋　一号办公室》

《请听清风倾诉》

《长笛与利剑》

（委）西盖尔·奥特罗·西尔瓦著（乌拉圭）胡安·卡洛斯·奥内蒂著（古）何塞·马蒂著

云南人民出版社／一九九三年　云南人民出版社／一九九五年　云南人民出版社／一九九五年

宁成春：
三联书籍设计风格的承上启下

宁成春

《陈寅恪的最后 20 年》

陆键东著

三联书店／一九九五年

宁成春，生活·读书·新知三联书店哺育成长的书籍装帧艺术家。

一九四二年宁成春生于河北景县。一九六〇年考入中央工艺美术学院装饰绘画系书籍美术专业。一九六五年毕业，先到农村读物出版社，四年后调入人民出版社。这时范用是人民出版社副社长，主管人民出版社美术编辑室。宁成春成了范用的部下。家里穷困，伯父与大哥又先后被打成"右派"。宁成春"初中才加入少先队，大学三年级才加入共青团，比别人都晚好几拍"。他说："从小只是牢记母亲让我'争口气'这三个字，不管事情大小都认真做。"（韩湛宁：《宁成春：书衣是有生命的》）宁成春讷言敏行的个性，认真负责的工作态度，很得范用的赏识。一九八四年有了出国进修的机会，范用极力向出版工作者协会推荐，宁成春得以赴日本讲谈社学习。杉浦康平的现代设计思想开拓了他的视界，成为他设计生涯的转折。一九八六年，三联书店恢复独立建制，获准成为独立的出版社。也就在这时候，讲谈社的朋友为宁成春争取到再次留学的机会。美术编辑人手不够，宁成春担心不能成行，没想到范用如同以往一样支持他再去深造。第二次赴日，他是在横滨国立大学真锅一男的研究室学习。他认为，这次学习让他深入了解了现代设计理念，从而避免在时代转变中落伍。二十世纪九十年代初期，他又在香港工作过两年，经受了商业社会的历练。二〇〇二年宁成春退休，服务三联前后长达三十余年。

宁成春铭感范用的关心，在《对我影响最大的一位长者》一文中，他深情地回忆这段岁月，说："我的书装设计的基本风格和理念都是在他的指导下形成的。"

改革开放以来，三联先后出版了"中国近代学术名著""三联·哈佛燕

《徽州》

王振忠文，李玉祥摄影
三联书店 / 二〇〇〇年

《外国古建筑二十讲》

陈志华著
三联书店 / 二〇〇二年

《小说香港》

赵稀方著
三联书店 / 二〇〇三年

《绝域与绝学》

郭丽萍著
三联书店 / 二〇〇七年

《西行漫记》

（美）埃德加·斯诺著

三联书店／一九七九年

《彭德怀自述》

彭德怀著

人民出版社／一九八一年

《根：一个美国家族的历史》

（美）阿里克斯哈利著

三联书店／一九七九年

京学术丛书""读书文丛""文化生活译丛""学术前沿""乡土中国""中国重大考古发掘记"等一个又一个系列，以及陈寅恪、吴宓、钱锺书、杨绛、王世襄等人的著作。宁成春设计或后来作为美术编辑室主任组织设计的书装作品，总数应是一个不小的数字。宁成春早期的封面创作，无论是《西行漫记》的号兵剪影，还是《彭德怀自述》的满页手迹，无不简练而视觉形象突出。同时，装饰素材以具象居多。《根：一个美国家族的历史》是一本政治读物，设计者突出了黑人头像和他脖子上挂的锁链，一双充满悲愤的眼睛成为画面的亮点。《一个革命士兵的回忆》是德国工人运动家威廉·李卜克内西的回忆录，封面就是这位绰号"士兵"的戎装画像。宁成春从日本研修回国后的作品，日益丰富多元。《新诗杂话》的图案用三角形拼合，《洗澡》则只是一个椭圆形的色团，两书均以白色铺底，异常简洁而又耐人寻味。《书和人和我》选用作者陈原的漫画头像，增添了几分幽默；《吴宓日记》各册用吴宓不同时期的照片，让形象与时光叠印。他采用藏书票和剪纸分别装帧《我的藏书票之旅》和《独自叩门》，书的形式与内容可谓心曲互通。

172

《一个革命士兵的回忆》

（德）威廉·李卜克内西著
人民出版社／一九八〇年

《新诗杂话》

朱自清著
三联书店／一九八四年

《洗澡》

杨绛著
三联书店／一九八八年

《莎士比亚画廊》《宜兴紫砂珍赏》及《香港》画册，装帧考究，工艺精细，美感荡漾。

《陈寅恪的最后20年》和《城记》的书装设计，更是包蕴丰厚的力作。

《陈寅恪的最后20年》的作者陆键东说，这本书"是在超过千卷档案卷宗的翻阅积累上而成的，它交织着现实与个人精神的困惑与痛苦，以及久抑之下必蓄冲决牢笼的气势。这或者是九十年代中后期大陆人文思潮重又涌起新浪潮的一个缩影"。（《历痕与记忆》）宁成春设计的封面为浓重的纯黑底色，白色书名与同是白色的二十二章的目录压缩到了一起，排列成为不同方向的组合。宁成春说："我用字去表达自己的感受，抽掉字的连贯内容，甚至倒置，我不想让读者只注意字的语言含意，而是把字看成一种形象。"书名中的"20"用阿拉伯数字，这是因为它与汉字"二十"相比，"一方面能使长方形色块有突破，同时也给读者一种瞬间的速度感"。（《书籍设计四人说》）封面右下角陈寅恪拄杖的照片，形象地诠释了陈寅恪的独立精神，一个知识分子在世变中的孤寂命运被设计者凸现纸面，牵动人心。

《书和人和我》

陈原著
三联书店／一九九四年

《吴宓日记（1910—1915）》

吴宓著
三联书店／一九九八年

《我的藏书票之旅》

吴兴文著
三联书店／二〇〇一年

《独自叩门》

尹吉男著
三联书店／一九九三年

《城记》

王军著

三联书店 / 二〇〇三年

　　王军的《城记》依据尘封的历史文献、历史见证者的陈述和三百余帧图片，试图廓清北京城半个多世纪的空间演进，以及为人熟知的建筑背后的鲜为人知的悲欢启承。封面下部，城门楼已经拆光，只剩下立柱，上面是虚拟的三维城门楼，加上去合成了原来的景象。封底左边，被挤到角落里的是著名建筑学家梁思成。二十世纪五十年代，梁思成是护城派，他满腔痴情搏尽全力为中国古代建筑请命，屡战屡败，只能很无奈地靠边站。"拆掉一座城楼像挖去我一块肉，剥去了外城的城砖像剥去我一层皮"，一九五七年梁思成写下的这两句话，令今人为之扼腕。宁成春的设计浑然一体，一气呵成，意蕴深刻，书衣背后是建筑师多舛的人生。

　　两本书装颇获时誉，宁成春以拷问历史的勇气揭示出书的内核。

　　二十世纪末，宁成春的设计愈趋成熟。他向往"器物之美"，曾有《工艺之美与书籍设计》的长文论述二者的关系。文中指出：器物是老百姓日常生活用的器具，无名工匠所做。看起来卑下，却有日常之美 。他将"器物之美"概括为十六个字：实用、结实、健康、谦逊、诚实、亲切、温馨、淡雅。

《莎士比亚画廊》

（英）莱斯利等绘画雕刻
河北教育出版社／一九九七年

《龙坡杂文》

台静农著
三联书店／二〇〇二年

宁成春认为，书作为为人服务的器物，也应有"器物之美"。

"三联在中国不仅意味着一家出版社，而且代表着一种文化，一种公共的知识精神。"学者许纪霖说，三联的出版风格就是"知识分子精神"。（《文化品牌才是最大的财富》）三联的书籍设计也有自己的传统。上世纪八十年代，范用主管美术组，"无形中，三四十年代生活书店、读书生活出版社、新知书店的设计风格、理念，都通过他强有力地贯彻下来"。（宁成春：《〈三联书店书衣500帧〉写在前面》）宁成春继承了三联的传统，协同编辑同人逐步形成了"三联灰"的书装格调：低彩度、中间色、灰调子。为什么要用灰颜色？他在一次回答采访时这样解释："我理解知识分子的思想是比较复杂的，他不是那么像老百姓一样是很纯的颜色，都是中间色，我认为就是灰调子，比较雅致。"（韩湛宁：《宁成春：书衣是有生命的》）"三联灰"简洁、质朴、雅致、厚重，突出了中国学术人文风格的特色，独步一时，为众多的读者所喜爱。宁成春执掌美术编辑室一直坚持的观念是：书籍设计这个平台绝对不是书装设计者个人的平台，不是要表达你个人，而是表达文本。一本书的设计风格，

《锦灰堆》

王世襄著
三联书店 / 一九九九年

《游刃集：荃猷刻纸》

袁荃猷著
三联书店 / 二〇〇二年

《自珍集：俪松居长物志》

王世襄著
三联书店 / 二〇〇七年

《二流堂纪事》　　　　　　　《读城》　　　　　　　　　　《明式家具研究》

唐瑜著　　　　　　　　　　任欢迎等主编　　　　　　　　王世襄著

三联书店 / 二〇〇六年　　　清华大学出版社 / 二〇一〇年　三联书店 / 二〇一〇年

并不是某个人创作的设计风格，而是三联书店的出版物、读者群、出版社的性格，甚至包括像范用这样的前辈的影响而整体形成的。三联的书籍设计风格虽然不是宁成春独创，但他承上启下，居功甚伟，发挥了别人无可替代的作用。

　　宁成春的又一贡献是与设计界同人吕敬人等共同推动书籍设计理论的传播，促进了中国书籍装帧的革命。一九八九年，他编辑的《日本现代图书设计》首次发表了杉浦康平的文章《从"装帧"到"图书设计"》，这是对杉浦康平理论观点的最早引进。他说："杉浦先生将图书的选题计划，文章的叙述结构，图片的设定、选择、结构编排及最后发至工厂的印制过程统统都归纳入'书籍设计'范畴。这是众多人的共同工作，设计者在其中扮演了至关重要的核心角色。"（韩湛宁：《宁成春：书衣是有生命的》）这场巨大的变革，把书籍装帧从原来只是封面设计，拓展到从内容出发、从里到外的设计。宁成春总结"四十六年来我自己就是这样转变的。"他的作品，记录了艺术家不懈追求的步履。

《日本战后文学史》

（日）长谷川泉著，李丹明译
三联书店／一九八九年

《青楼文学与中国文化》

陶慕宁著
东方出版社／一九九三年

《河流之歌》

席慕蓉著
三联书店／一九九四年

《卖文买书　郁达夫和书》

郁达夫著
三联书店／一九九五年

《槐聚诗存》

钱锺书著
三联书店／一九九五年

《柏辽兹 十九世纪的音乐"鬼才"》

罗兰著
三联书店／一九九八年

黄永松：

永远的《汉声》

黄永松

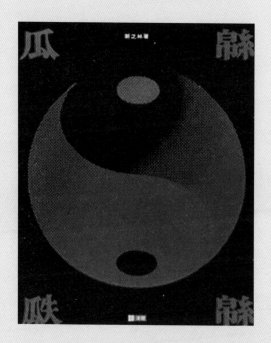

《绵绵瓜瓞》

《汉声》第五十七期
一九九三年

　　书籍装帧艺术家黄永松的名字，是与《汉声》连在一起的。他是《汉声》的创办人，现任汉声杂志社发行人兼总策划及艺术指导。

　　一九四三年黄永松生于台湾桃园县，一九六七年台湾艺专（今台湾艺术大学）毕业。一九七一年一月，他应邀参加了英文版 *ECHO Magazine* 创刊的筹备，从此终生结缘。这是一个以中国人的角度向西方社会介绍中国传统文化的杂志，台湾妈祖祭祀与京剧渊源都是它刊发的内容。一九七八年出版了六十期后停刊，创刊中文版《汉声》，取"大汉天声"之意。黄永松说，一位前辈告诉他，传统好比人的头颅，现代有如人的双脚，现在的情形是把传统抛在后面，双脚往前跑，是一个缺乏肚腹的断裂状态。文化工作者应有为此断裂做一个"肚腹"的担当，把它们连起来，使现代中国人能衔接传统与现代，全身前行。《汉声》就是这个"肚腹"。黄永松以坐标为喻，如果说英文版杂志属于连接东西的横坐标的水平交流，那么，到《汉声》就转变成连接传统与现代的纵坐标，是古今衔接了。

　　黄永松认为，以四书五经等传世经典为代表的大传统文化（也称"雅文化"）只是中国文化的一部分，民间文化所代表的小传统文化（也称"俗文化"）同样重要。所谓俗到极致就是雅，雅到极致就是俗，只有做到雅俗共赏，才能真正了解中国文化。而中国文化中衣食住行等与人们生活息息相关的事情，会让读者更感兴趣。因之，见证、记录、保护和抢救即将流失的民间文化，就确定为《汉声》的使命。从创刊到今天，从台湾到大陆，四十多年来，《汉声》只做一件事：记录中国民间传统文化。

　　深入民间，是黄永松持之以恒的工作方式。《汉声》以"民间文化""民间生活""民间信仰""民间文学""民间艺术"五大种为立体框架，建立了

ECHO Magazine 封面选页   《汉声》封面选页

涵盖十类、五十六个项目及几百个目的中华传统民间文化基因库。《汉声》坚持采集的民间文化，一般要具备四个条件：首先是做中国的，不做外国的；其次是做传统的，不做现代的；再次是做活态的，不做消失的；最后，最基础的是老百姓的。黄永松率领他的团队寻访台湾和大陆乡村，几乎走过每个有着活态民间文化的地方，以一本《汉声》杂志为载体，记录传统工艺的现状、技术和历史，承接中华文化的传统与现代。

　　每一期《汉声》都有一个主题。楠溪江中游乡土建筑、碛口乡土建筑、福建土楼、贵州蜡染、惠山泥人、陕北剪纸、五台山骡马大会以及风筝、面食、年画、中国童玩、中国女红……读者想到和想不到的题目，都为《汉声》的详密的选题覆盖，成为一个个专辑。黄永松说："当我逐渐揭开民间文化殿堂一角的序幕时，我被里面所蕴藏的东西深深吸引。我深深地体会到，就像每一个水珠、沙粒都有它自己的世界一样，我们寻找到的每一个题目都别有洞天。"（赵岩：《〈汉声〉创办者黄永松：建立中国民间文化基因库》）但是，不少原生的聚落、传统民间手工艺未能敌得过时代的浮躁，正从生活中渐渐

《惠山泥人》
《汉声》第一三三期至第一三五期
二〇〇三年

《惠山泥人》选页

消失。大多数时候，记录者只能是见证工艺消失的过程。所以，黄永松一直采用田野实际调查兼摄影并陈的手法，去抢救濒临灭绝的民间文化遗产。《汉声》的每一个专辑，都是一种民间传统文化的"全记录"，要拍摄完整的制作工艺，并要记录制作流程中的每一个步骤。

无锡惠山泥人是原生态原真的艺术。惠山泥人里最绝妙的是手捏戏文，人物形象取材于京剧、昆曲以及地方戏曲。捏泥人需要两人无间合作，一人捏塑，一人彩绘。记录时一张一张拍照，仅整理出的工序照片就有三千余张。泥人一条街的变迁，每家铺户都要实地测量。这个项目，《汉声》持续了八年才结集成册。

"山西面食"专题是黄永松二〇〇四年主持进行的田野调查。一路问面、观面、记面、讨面、食面，不仅了解与山西面食有关的民间习俗，还采集了一百一十种原汁原味制作面食的手艺，如平遥面疙瘩、太原馒头、丁村花卷等。各种面食的制作工艺拍摄完整、记录精确，并组织反复试做。这一专题，后结集为《山西面食：绿色健康族》《山西面食：上班快餐族》《山西面食：家

184

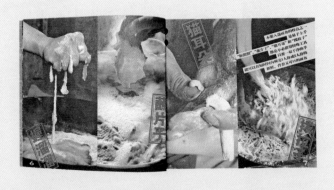

《山西面食：上班快餐族》选页

《中国结3》

汉声
汉声杂志社／一九九七年

庭快乐族》，由中国轻工业出版社出版。

红遍世界的"中国结"今日已成为中国传统文化的一个象征，发掘人和整理人就是黄永松。一九七六年，《汉声》刊登了一系列多方收集并经过整理、分析的中国传统结艺，描绘了各种结的编制过程。过了五年，又出版了中国编结的历史及编结的种类、工具、材料、工艺，并给这种具有中国特色的结命名为"中国结"，续存了中国民间手艺的命脉。

台湾文化学者林文琪说："从展卷阅读的一开篇，即可窥见《汉声》杂志的细腻与大胆，说明了其游刃有余驾驭载体的专业与从容。"她称赞《汉声》"不仅以内容获得美誉，装帧设计更是业内标杆"，"杂志编辑群更将民间艺术的采集，转化为当代书籍装帧艺术的文艺复兴，让每一本专题都展现工艺品般的用心及创新"。（《从〈万古江河〉谈起——〈汉声〉杂志的装帧艺术》）黄永松晚年回忆，英文版创刊号出版的时候，碰到总编辑吴美云的严格要求。"我那时候刚从艺术学校出来，大而化之，一切不放在眼里，结果封面被迫做了四五十个设计。"几十年过去，又说到《汉声》的设计，他说："我们是

《美哉汉字》
《汉声》第八十七期第八十八期
一九九六年

《剪花娘子库淑兰》（上）
《汉声》第九十九期
一九九七年

有感觉和感情的设计，不是套模式的。每本都有它的生命在里面，从最外表的封面，一直进到里面，是生生不息的循环。"（《〈汉声〉编辑生涯讲座》）

　　《汉声》的主题式的专题研究及报道，不拘形式，不依旧法，不循常规。每一期根据当期的主题特性进行设计，开本大小、封面版式、册数等全部可变，甚至出刊周期，也会依据内容所需的实地田野调查及观察期程而适当调整。《汉声》突破定则，改写了杂志编辑出版的传统模式而领异标新。

　　《汉声》的封面饱含中国传统文化的色彩，但绝不是传统的拷贝。诸如，《绵绵瓜瓞》中太极图的运用，《美哉汉字》中"龙""凤"的亦字亦图，传统要素在这里被创造性地再现为现代新的设计语言，渗透入装帧的总体构思。黄永松说："传统和时尚从来就不是剥离开来的，时代的发展一定是传统中有时尚，继承中有发扬。"（方小东：《〈汉声〉，连接传统与现代的肚腹》）

　　版面体现了书刊的整体艺术形象，是书刊装帧艺术的一个重要内容。《汉声》的版面是传统与设计并存。《福建土楼》中叙述方楼到圆楼变迁的文字，不仅配以实景照片，而且有极具专业水准的建筑平面图、剖面图和细部图解。

《福建土楼》选页

《汉声》第六十五期第六十六期
一九九五年

《曹雪芹扎燕风筝图谱考工志》选页

汉声编辑室
北京大学出版社／二〇〇六年

《陕北剪纸》选页

《汉声》第八十一期至第八十三期

一九九五年

《蜡染》选页

汉声编著

贵州人民出版社／二〇〇七年

《曹雪芹扎燕风筝图谱考工志》中例图工细，色彩鲜艳，装饰排序富有韵律感。

杂志纸张的选择与印刷、装订的技术处理，《汉声》则根据不同的内容决定取舍。《陕北剪纸》中的剪纸选取了不同的色纸来印刷，还原了剪纸的原生态，饱含着稚拙之美。《蜡染》开启书盒的过程，就是重现蜡染工艺的次序。一层层打开，一步步展现，直到最后将书取出，十六片蜡染布令人惊艳。天工巧手地转换之后，纸面竟出人意想地给人以布面之感。"小题大做，细处求全"，铸就了《汉声》主体鲜明而形式多变的艺术形态。

黄永松和他的团队，"由于每一期都抱持比做书还严谨的编辑、考察及设计的精神，《汉声》杂志持续地创新专题内涵及视觉设计，不断打开书籍制作的可能与视野"，林文琪指出：

> 书籍装帧艺术的这条路，《汉声》是不断发现新风景的开垦者，一期一期的《汉声》杂志，诉说着历久弥新的饱满热情及耀眼成就。当你翻阅内涵丰实的每一期专题，欣赏它的版型呈现、视觉美感、图文制作，以至于套装盒型，每一期的设计巧思、体贴的轻质选纸，你一定再次赞叹其整体之美。《汉声》杂志示范了文化人的不断进取与开创，一如其致力保存的珍贵民间传统及工艺，本身就是光耀传世的文化艺术品。（《从〈万古江河〉谈起——〈汉声〉杂志的装帧艺术》）

黄永松，永远的《汉声》。

王行恭：

书装美学中的隐喻

王行恭

《文学尖端对话》

李瑞腾著

九歌出版社／一九九四年

　　二十世纪八十年代，台湾正值彩色摄影、分色印刷大行其道，色彩浓艳的书装成为一时风尚。书籍装帧艺术家王行恭却以风格典雅清淡、视觉单纯简洁、意象个性化的设计，进入读者的视野。

　　一九四七年王行恭生于辽宁沈阳，一九四九年随父母到台湾。一九七〇年毕业于台湾艺专（今台湾艺术大学）美术工艺科，是台湾第一代设计科班出身的设计家。一九七五年至一九七八年，先在西班牙马德里圣费南度高等艺术学院绘画系就读，后在美国纽约普拉特学院设计研究所研习。一九八七年成立设计事务所。他的书籍设计也就从这时开始，虽非主业，但是喜好。王行恭说，烽火遍野中在大陆度过褴褛岁月，他对中国传统文化精髓的认识，均取自于阅读而不是亲历，这是无可奈何的事。"每当创作中直面视觉感受与形式表现的逻辑思维时，均尝试在作品中发掘中国古典风格形式语言中那种清新隽永、飘逸凝神的内蕴张力，这种简约的东方古典风格，明显区别于世俗的流行风尚以及追求浮华艳丽的花哨形式。往往在构思的最初阶段，静观的美学思维便取代了时尚的激情。"他强调，"这是我的作品一贯追求的主张。"（《我做故我在》）同时，因为读过不少"五四"时期的文艺作品，他对那个年代质朴的风格特别中意，也受到很深刻的影响。他说："设计封面时我力求呈现书的内容本质，较少以过度夸张的色彩、画面来强调视觉印象。"（《创作观》）《淡品人生》《信物》等书装，都具有含蓄内敛富有意韵美感的特色。

　　书籍设计中喜欢以隐喻的手法表现，是王行恭书装艺术的独塑风貌。

　　隐喻本来是一种辞格，一种局部描写手段。现代小说中的隐喻更成为一种基本的叙述方式。而王行恭的隐喻，则是充分利用视觉元素，以幻象去表示书中非物质的或观念性的事物，对书的内容或主旨做隐秘的暗示或转换。

《淡品人生》

廖辉英著

九歌出版社／一九八八年

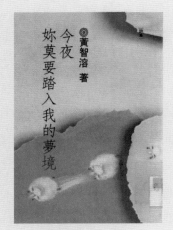

《今夜你莫要踏入我的梦境》

黄智溶著

光复书局／一九八八年

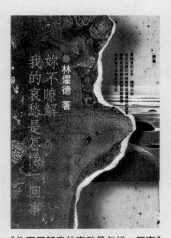

《你不了解我的哀愁是怎样一回事》

林燿德著

光复书局／一九八八年

《信物》

席慕蓉著

圆神出版社／一九八九年

《生命的轨迹》
欧阳子著
九歌出版社／一九八八年

《当代文学气象》
郑明娳著
春晖出版社／一九八八年

设想之奇丽和精警，受到读者激赏。

　　欧阳子的《生命的轨迹》书装是王行恭一九八八年完成的作品，也是他运用隐喻手法的代表作。在《创作观》中，他这样叙述创作的构想：

　　　　当时作者欧阳子身体不适，这本书是将其作品汇编而成的，其写作生涯是否就此结束尚是个未知数。透过这样的概念，我想从她的作品中强烈的中国风味出发，于是以砚台、毛笔及一张稿纸，令人自由联想到正要开始写或是终止、停笔，隐约表现许多未知。

　　象征的形式底蕴包含着隐退的真意。为达到这一目的，王行恭要制作专用的"道具"，并运用摄影合成方式，进行复杂的工艺操作："画面上有'书'字的局部，是以钢模压出的浮水印，经过摄影再放大，引人联想到这个字是否用画面上的毛笔所写的，而'生命的轨迹'这几个字，仿佛是作者自己所题；字体采用铅字排版再放大，所以不用毛笔直接书写，是不想过度强调书法感。

《整个世界停止呼吸在起跑线上》　　　《风情与文物》

罗门著　　　　　　　　　　　　　汉宝德著

春晖出版社／一九八八年　　　　　九歌出版社／一九九〇年

砚台款式以自然型为主，避免过度复杂或简单的造型，让画面上只看到一片黑。笔也只保留一部分，因为太黑的色彩及造型给人的印象都太强烈。最后我让砚台及毛笔仅占画面比例的八分之一，简单机械化地分割画面，再搭配作者、出版社及书名，让构图看起来更典雅、整齐。"

　　《当代文学气象》是郑明娳教授对当时台湾文学概况的评述。封面素材与《生命的轨迹》一样，王行恭根据凸显书的主题的需要而"量身定做"。他认为，"文学是一个概念，桂冠是属于文学概念下的一个造型"。因此，"用标准的桂冠制作版画，材质是纸板；这张版画是一幅和题目相容的作品"，意在尽其所能地将最强的概念表现出来，且不重复。"画面出来后才安排文字，不会干扰构图"。王行恭称："这样的制作方法和近代绘画的表现技巧相通。"（《创作观》）

　　隐喻的画面需要营造作品的气氛和质感，制作各种"道具"是设计工作的一个重要内容。

　　《整个世界停止呼吸在起跑线上》是罗门的诗集。王行恭说："题目给我的概念很简单，一是停止呼吸，一是'起跑线'；停止呼吸令我联想到被湿

《入禅之门》

李元松著
现代禅出版社／一九九二年

《智慧就是太阳》

颜昆阳著
九歌出版社／一九九二年

《红尘一梦》

庄因著
九歌出版社／一九九三年

布盖住脸部的恐怖状况，而'起跑线'令人想到起跑时冲断的绳子。""因此我用一条打结的、断掉的绳子，沾水后盖于纸下，将概念视觉化，变成一张无色的、简单的封面。"(《创作观》)罗门很喜欢这个封面，认为和他的诗很相近。

《文学尖端对话》是李瑞腾的文学评论集。书中讨论当时台湾文学中两种不同的文学：一九四九年以后来台的外省人的文学，台湾人本身的文学；一个怀念原有的乡土，一个描写生息的乡土。王行恭的设计，形象地表达了抽象信息："封面上配置两颗石头，仿佛在对话：色彩上二石有相通相融之处，大小虽然不一，代表对象却可由石头上的文字略知一二。这些文字都节选自书里，怕它过于突显，所以先裱贴在石头上再包起来，淡淡呈现，底部再放一张染色宣纸，留一点地图的感觉。"(《创作观》)

打结的、断掉的绳子和石头是设计的基本素材，但只有绳子"沾水后盖于纸下"，石头包上写着文字的纸张，才是隐喻情境的最后完成。

王行恭的隐喻，既接受了中国古典隐喻的传统陶冶，也无疑受到西方现代主义隐喻模式的影响，散发出几分现代趣味。

《不能遗忘的远方》

陈义芝著
九歌出版社／一九九三年

《人在江湖》

龚鹏程著
九歌出版社／一九九四年

《神农的脚印》

东方白著
九歌出版社／一九九五年

《雅舍小品补遗》

梁实秋著
九歌出版社／一九九七年

《人面桃花》

格非著

人人出版社／二〇〇七年

《山河入梦》

格非著

人人出版社／二〇〇七年

　　《人在江湖》为龚鹏程当年学者从政所写的一些杂文，作者认为学术与政治两不相干却又牵扯不清。王行恭运用水墨的混沌不清，制造两块对立的空间，中间有着千丝万缕、牵肠挂肚的纠缠。

　　《神农的脚印》收录东方白的短句，不少仅三两行文字。王行恭选用纸艺的撕纸裱贴来表现，零散的"语花"，三三两两，散漫不拘。"纸"也是一种材质，为了某一个封面而特别处理、制作手工纸，是书装家常用的一招。

　　王行恭的隐喻中常用水墨凸显中国文化的视觉语境，他称这一自创的表现技法为"中国意象的拼贴"（Collage of Chinese ink image）。《入禅之门》《智慧就是太阳》《红尘一梦》《雅舍小品补遗》，都让我们领略到这一中国风味。

　　《人面桃花》和《山河入梦》是作家格非"乌托邦三部曲"的第一、二部。"乌托邦三部曲"是中国知识分子精神史的书写，表现了一个多世纪以来承载着乌托邦梦想的人们的命运。两书的书封都是水墨写意的画面，一为逐水的桃花，一为云遮的山峦，飘渺虚幻的意象，让人想到乌托邦注定的悲剧。这套书的第三部《春尽江南》写衰世景观,却未见人人出版社的版本。王行恭"三

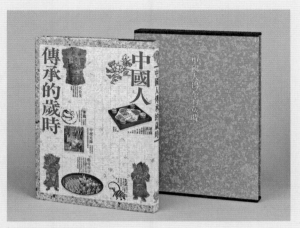

《中国人传承的岁时》

马以功　王行恭编
十竹书屋／一九九〇年

《中国人的生命礼俗》

马以功　王行恭编
十竹书屋／一九九二年

  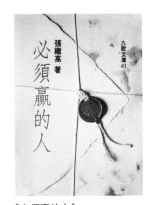

《远方的星星》

杨小云著

九歌出版社／一九九三年

《斯人》

席慕萱著

尔雅出版社／一九九五年

《必须赢的人》

张继高著

九歌出版社／一九九五年

部曲"的书装设计未能终曲，实在遗憾。

二十世纪九十年代初，王行恭与马以功合编并出版了《中国人传承的岁时》和《中国人的生命礼俗》。作为一个中国本源文化追寻者，他一直沉迷于中国传统民俗文化的挖掘和整理。先后有《台湾传统版印》《日据时期台湾美术档案》《中国传统市招》《从印刷设计看台湾出版的演变》《台湾美术设计百年发展》《翻转的年代：1945—2000 年的台湾平面设计现象》《由历史看近百年中国海报发展》等多种论著发表出版。王行恭为两书设计的封面，分别采用书内"岁时""礼俗"的图片装饰，古朴大方，凸显出儒雅的中国气质。这样的书装，也可做隐喻解读："将民俗之素材，作为某种象征意义的语言道具，去传达抽象之概念，这种以古老文化所代表的想象，与现实生活情境之间的沟通与相应，确实能令人产生新鲜的经验。这正是以象征手段作为设计创作表达最具特色的所在。"（王行恭：《台湾设计表现中的民俗美学》）

王行恭曾说："有些封面对我而言是一种挑战，一种决生死的创作。"他的隐喻书装，折射出艺术家钟情书衣艺术的果决和坚毅、睿智和博识。

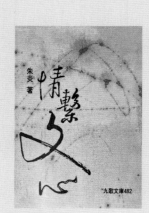

《情系文心》

朱炎著

九歌出版社／一九九八年

《老子与东方不败》

游唤著

九歌出版社／一九九八年

《雾渐渐散的时候》

齐邦媛著

九歌出版社／一九九八年

《大明王朝》

刘和平著

人人出版社／二〇〇七年

吕敬人：

恢宏典雅的中国风

吕敬人

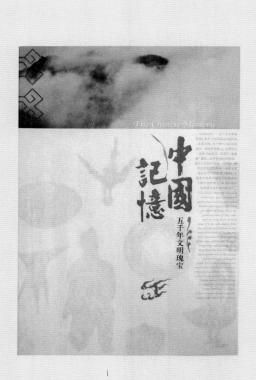

《中国记忆》

首都博物馆编

文物出版社／二〇〇八年

从二十世纪九十年代开始，中国大陆掀起了一场书籍形态学的革命，打破了书籍装帧长期滞留于封面设计概念的落后僵局，将传统的书籍装帧推向了书籍形态价值建构的高度。

书籍装帧艺术家吕敬人是功勋卓著的"推手"。

一九四七年吕敬人生于上海。一九七八年入中国青年出版社任美术编辑。一九八九年赴日本讲谈社研修，一九九三年师从视觉艺术设计家、神户艺术工科大学院教授杉浦康平。学成归来后，他率先提出"书籍六面体"和"书籍形态设计"的观念，开始取代单指封面设计的"装帧"。从"书籍装帧"到"书籍设计"，这是一个由表及里的"革命性思维"。一九九七年，吕敬人与宁成春、吴勇、朱虹的"书籍设计四人展"，进一步推动了书籍装帧革命的浪潮。书籍作为一个知识载体，既可阅读又可品味的新理念逐步深入人心。

早在一九九五年全国第四届书装艺术展，吕敬人就以《黑与白》的现代意识设计为业界瞩目。澳大利亚萨利·摩根的这本自传，写土著寻找被遗忘而且充满耻辱的种族历史。全书黑色图案与白色纸面形成的强烈反差，揭示了书中白人和土著人的文化冲突。书页上端的锯齿形和左右两边的三角形犹如锋芒，象征冲突和苦难。各章题边的神秘图纹是种族的标识，天头、地脚奔跑跳跃的袋鼠是地域的说明。"黑"与"白"组成富有韵律的点、线、面，起伏滚动，贯穿着图书六面体的每一面及内文的每一页。吕敬人突破封面的概念，拓宽了设计的范围，从封面扩展至环衬、扉页、目录、正文、封底、书脊、勒口以及内文版式，体现了他所追求的整体的"书籍形态"。《黑与白》的设计是一次真正意义上的观念更新。看过书中奇妙的黑白世界的读者，多年之后仍难以忘怀。

"书籍形态设计"能传达出阅读之趣，杉浦康平提出了书籍的"五感"。

206

《黑与白》

《黑与白》选页

（澳）萨利·摩根著，（新）潘小芬译
中国青年出版社／一九九五年

即是说，书籍设计不但要赋予文字、图像、色彩等设计元素以富有情感和内
涵的艺术表现形式，还必须通过独特的材料和工艺技术，实现书籍视、听、触、
嗅、味的"五感"之美。吕敬人倾心的"五感"既是设计思考的起始点，也
是让心灵得到陶冶的雅境。他在《敬业以诚，敬业以新》中这样描述：

> 视感是不言而喻的；而听感却有很多值得我们去回味的地方，
> 首先是物化书的本身厚薄轻重带来翻阅过程中的声音，然而听感还
> 来自作者的心声，看好的设计会得到一种朗读的节奏享受。嗅感除
> 了可闻到取自不同材质制成的纸张气息，还有时间的气味。……书
> 香除了纸张印材本身的味道，更重要的是与书籍生存相关的时代气
> 息。触感是人类最为敏锐的感官，触碰对心灵有一种震撼作用，柔
> 滑的、枯涩的、温馨的、冰冷的……触感非常直接，带有各种个性。
> ……最后是味感，味觉是一种抽象的体验，当然不是"舌尖上的味
> 道"，而是追求审美的品位。

《美丽的京剧》　　　　　《美丽的京剧》选页

吴钢著
电子工业出版社／二〇〇七年

读者在阅读中当全方位地领受到"五感"的魅力。

"读之有趣，阅之受益，这就是一本好书。"吕敬人以书为"舞台"，寓古于今，求变求通，"将自己的理解和感受并利用一切设计要素——文字、图像、色彩、纸张、工艺手段融于文学作品之中，试图构造流动的具有渗透力的新的书籍形态"。（《书籍设计四人说》）。

中国传统文化是吕敬人书籍设计中重要的元素。他认为，"继承不只是复制，更不是拷贝。既要根植于本土文化，又能突破固囿，设计才会具有生命力而传承久远"。（张硕：《吕敬人：掌管书籍的"生命"》）因之，决不能放弃时代特征，要不断追求中国元素的升华。荣获二〇〇八年度"世界最美的书"的《中国记忆》，五千年瑰宝展示了中华文明的博大精深。吕敬人的设计，充分运用水墨晕染、象形文字、中国书法等元素，赋予全书以东方神韵，论者称《中国记忆》为"现代语境下的东方之心"。

列榜二〇〇七年度"中国最美的书"的《美丽的京剧》，是一部戏剧摄影集。摄影家吴钢将现代审美情趣和摄影艺术语言注入古老的戏剧表演，拍摄了以

《朱熹榜书千字文》

林冠夫 邓中和校注
中国青年出版社／一九九九年

京剧为主的戏剧名家舞台演出的一招一式和粉墨登场前的一颦一笑，在静止的画面上表现了戏剧的节奏、韵律及流动的音乐感。论者称之为"一首尽收戏剧名家台前幕后感人故事的国粹史诗"。吕敬人的设计，突显书的内页，"随着剧情的进入，色彩的变化，产生了有节奏的变化。比如进入剧场就是红色，因为一进剧场，戏牌子就是红色。……戏结束，红色慢慢退去，白色慢慢出现，人们要退出剧场，白封面出现，来到了剧场的外面"。他说："最后的结束就是版权页，我希望这个版权页就像戏场的说明书，拿着这个说明书回家。这个版权页里面有丰富的信息。一般来说版权页是不许设计的，但我还是做了设计。"（《书戏：阅读与被阅读》）吕敬人把生、旦、净、末、丑每个角色的最精彩的动作和眼神，放在每个章节当中。书中解说文字的排列，他用《良友画报》上的戏曲广告做基本模式，票友一看就是京剧的味道。

　　吕敬人善于借助纸张和材质来提高书籍形态的文化品位，创造新颖的书籍形态。《朱熹榜书千字文》书法粗犷豪放，遒丽洒脱，他用文武线为框架将传统格式加以强化。上下的粗线稳定了狂散的墨迹，左右的细线与奔放的

《赵氏孤儿》
中国国家图书馆编
北京图书馆出版社／二〇〇一年

书法字形成对比，在扩张与内敛、动与静中取得和谐与平衡。全书上、中、下三册，封面分别用三种不同色彩的特种纸单色印刷，中国书法的基本笔画撇、点、捺成为三册书的符号特征。吕敬人对用纸也做了研究："《朱熹榜书千字文》原来是刻在石板上的，有一种刀劈斧斫的感觉，我希望人们能从设计中体会到这种力度，触摸到它的纹路。"反复试验后，他选定了蒙肯纸。"这种纸与宣纸非常接近，手感非常好，容易体现碑刻拓下来的拓片的感觉。"（《书艺问道》）书的外函，模仿宋代印刷雕版，将一千个字雕刻在轻型的桐木板上。反向的排列设计，很像宋代木版印刷的母版。全函以牛皮带穿连，楠木如意木扣锁合，造就了形式上的古朴苍劲与高雅大气。《赵氏孤儿》布面贴签的函套，为纯东方传统形式。但书是双封面，一面是明版本的文字，加如意纹装饰；一面是法文译文，加几何曲线文装饰，书的两面均可阅读。中国的木版印刷和西方的铅字技术相融合，最终形成一个中西交流、中法互通的书籍形态。

　　高工艺、高技术，是吕敬人书籍形态设计中一种具有特殊表现力的语言。

《梅兰芳全传》

李伶伶著
中国青年出版社／二〇〇一年

《梅兰芳全传》的切口，右翻是梅兰芳的生活形象，左翻是梅兰芳的舞台形象，左右翻动，瞬间转换的不同画面，展现了梅兰芳的一生。制作的工艺相当考究，先要进行精确的计算，将图像按页数做出均匀的分割，再计算出每一帖纸张厚度的切口数值补差，最后是毫厘不差地印刷、折页、装订成书。细节的处理，显示了曲美工精的缜密风范。

吕敬人说，完整的书籍设计，要求"书籍设计者介入文本内容结构的再编辑，视觉传达系统的再设定，阅读语境的再创造"，即编辑、编排、装帧设计的三位一体。这是"设计性质的重新界定，是设计装帧的延展和涉及责任的再提升"。（《书戏与书艺论道》）

"怀珠雅集"是一个介绍收藏家和文人藏书票的系列。吕敬人接手设计后有了进一步的思考。他认为，画家绘制的藏书票作品集固然好，但年轻人对藏书票并不了解，这样做阅读价值不大。如果能摘取名人学者有关读书、藏书、藏书票审美的文章评述，融进画册，让大家了解到读书的趣味、读书的享受，书的内涵会更丰富。这套丛书最后在吕敬人手中焕然一新，扩充了

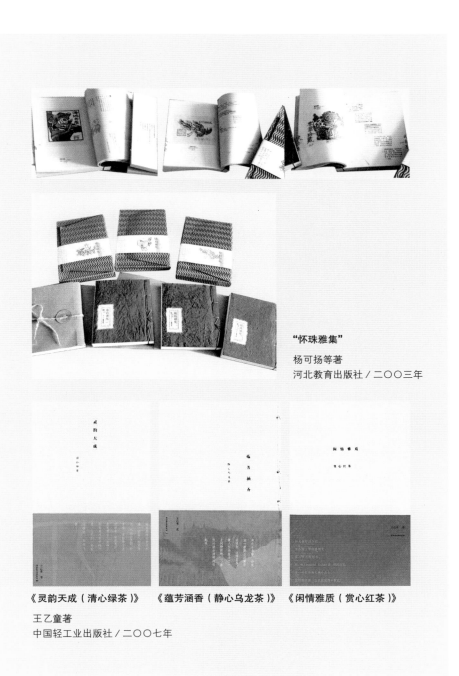

"怀珠雅集"

杨可扬等著

河北教育出版社／二〇〇三年

《灵韵天成（清心绿茶）》　　《蕴芳涵香（静心乌龙茶）》　　《闲情雅质（赏心红茶）》

王乙童著

中国轻工业出版社／二〇〇七年

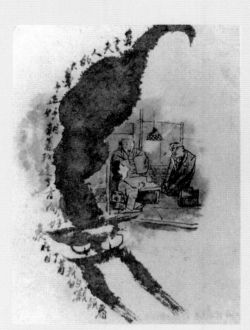
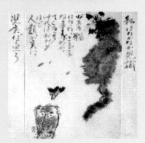

《我是猫》插图选页

《我是猫》
（日）夏目漱石著，胡雪等译
中国少年儿童出版社／一九九五年

文本信息的传递，提升了文本的阅读价值。王乙童介绍绿茶、乌龙茶、红茶的《灵韵天成》《蕴芳涵香》和《闲情雅质》，出版社原来的定位是时下流行的快餐式图书。吕敬人觉得应该让全书透出中国茶文化的诗情画意，这是对中国传统文化的尊重。这一编辑设计思路与作者取得共识，最终也得到出版人的认可。"绿茶、乌龙茶二册，用传统装帧形式，内文筒子页内侧印上茶叶局部，通过油墨在纸张里的渗透性，在阅读中呈现出茶香飘逸的感觉，另外一册红茶，从装帧形式到内文设计均为西式风格，体现英国式的茶饮文化"。（吕敬人：《编辑设计——创造书籍的阅读之美》）虽然书的价格成本比原来预设的稍高，但书的价值得到了全新的展现。

吕敬人的书装作品中国风浓郁，恢宏圆融，典雅华贵，工艺精湛，整体完美。于是，模仿者随之出现。对盲目追求奢华"过度包装"的书界歪风，他明确表示，"书籍是用来阅读的"，"除了一些需要保存的重要古籍文献，或作为重大国家项目以及国事活动礼品之用的书籍需要运用高规格的设计，一般的读物应该以方便阅读并有利于读者购买为原则"。（《书艺问道》）

书籍装帧家的吕敬人遮掩了他的画名。他早期书装的绘画作品，都是自己创作的。《我是猫》的插图就是其中之一。日本著名作家夏目漱石这部长篇小说，借一只猫的叙述，写出它的主人——穷教师苦沙弥一家和他朋友们平庸琐细的生活，表现明治维新后，穷困潦倒的知识分子面对兴起的资本主义大潮，既顺应又嘲笑、既贬斥又无奈的艰辛探求和惨痛折磨。吕敬人的画面构图用猫作为主体形象，水墨渲染，灵气十足，如同夏目漱石用猫眼这一超越现实的视角描画茫茫红尘一样，新人耳目。

《魂兮归来》

王新纪等著

中国青年出版社／一九八〇年

《王安忆中短篇小说集》

王安忆著

中国青年出版社／一九八三年

《生与死》

黎汝清著

中国青年出版社／一九八四年

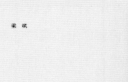   

《笔耕余录》

梁斌著

中国青年出版社／一九八四年

《大海——记朱德同志》

刘白羽著

中国青年出版社／一九八五年

《无悔的追求》

胡思升著

中国青年出版社／一九八六年

《第五个房客》

宋学武著

中国青年出版社／一九八六年

《桃花湾的娘儿们》

映泉著

中国青年出版社／一九八六年

《爱的奏鸣曲》

（日）井上靖著，吕立人译　　中国文联出版公司／一九八六年

《中国民间美术全集》

邓福星主编

山东教育出版社／一九九三年

216

《诗歌基本原理》

吴思敬著

工人出版社／一九八七年

《中国恋情》

刘宏伟著

中国青年出版社／一九九二年

《白夜》

贾平凹著

华夏出版社／一九九五年

《走虫》

贾平凹著

中国青年出版社／一九九七年

《俯瞰长江三角洲》

黄加法著

华艺出版社／一九九七年

《中国当代藏石名家名品大典》

黄俭等编

中国文联出版公司／一九九八年

《中国现代美术全集　陶瓷》　　《千古第一村——流坑》　　《中央美术学院附中 50 年作品经典》

全集编委会　　　　　　　　　周銮书著　　　　　　　　　中央美术学院附中编
江西美术出版社／一九九八年　江西教育出版社／一九九九年　中国青年出版社／二〇〇三年

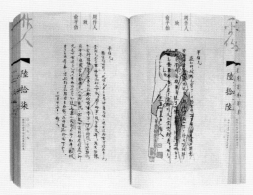

《周作人俞平伯往来书札影真》　　《周作人俞平伯往来书札影真》选页

周作人　俞平伯著
北京图书馆出版社／一九九九年

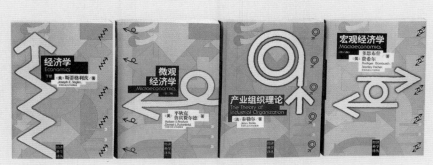

"经济学译丛"

（美）斯蒂格利茨等著
中国人民大学出版社／一九九八年

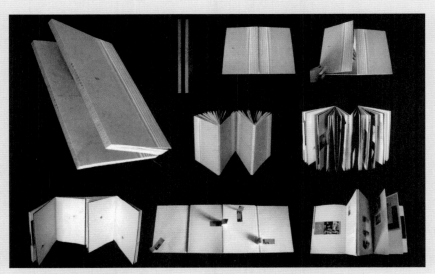

《翻开——当代中国书籍设计》

吕敬人编
清华大学出版社／二〇〇四年

陆智昌：
洗尽铅华之美

陆智昌

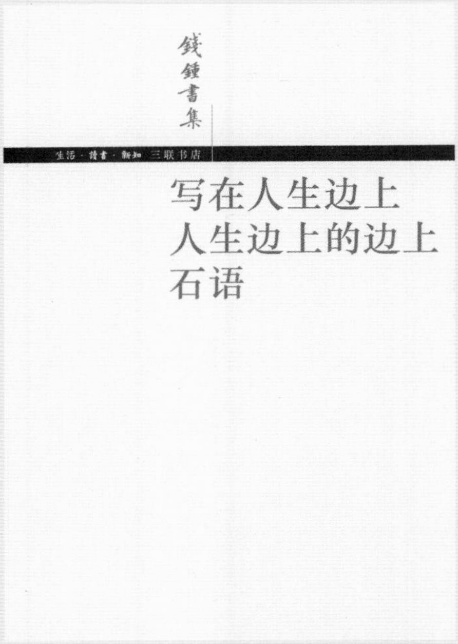

钱锺书集

生活·讀書·新知 三联书店

写在人生边上
人生边上的边上
石语

《写在人生边上　人生边上的边上　石语》
钱锺书著
三联书店／二〇〇二年

中国当代书籍设计中，努力凸显"书的质感"，追求"书的味道"，一般谓之"极简主义"或者"简约风格"的书籍设计，代表人物首推陆智昌。

陆智昌，香港出生。一九八八年毕业于香港理工大学。曾在香港从事书籍装帧设计工作十年，其间曾游学巴黎两年。著名书籍设计家吕敬人称赞他的书装设计"颇具淑女风范"，"阿智带来一种语境、一种意境，清秀、安静"，"对中国出版界影响巨大"。（呆呆：《书籍设计吹来简约风》）

记者采访过陆智昌的印象是，谈吐犹如其设计风格般简洁、雅致、温暖、朴素到词穷。尽管如此，访问记中还是留下了陆智昌关于书籍设计的精辟见解：

> 一本书最重要的还是它的内容。设计的目的不是用来炫耀设计者有多大的聪明才智，而是围绕着内容，做恰如其分的事情。（陈蕾：《陆智昌：有时想，书名可不可以都不要？》）

> 当装帧设计成为一个人唯一的谋生技能时，是上天的莫大惩罚；然而，因此专注、沉溺，继而对书籍、对文化渐生敬畏之心，说不定又是上天的无比恩赐。（阿文：《陆智昌：不谈设计，只谈书》）

> 他（陆智昌）的设计理念是做减法，而不是堆砌美丽的元素。（李响：《他为书做嫁衣裳》）

陆智昌强调书本身的内在魅力，看重作品本身的社会道义功能。他说，"一本内容差的书，我怎么都不可能去提升它的品质。而一本内容好的书，它所承

《我们仨》

杨绛著
三联书店／二〇〇三年

载的文化含义又远远超越在设计之上。"（《陆智昌：如果不好好设计一本书，便
是浪费生命》）他希望营造设计和内容相协调的"亲切感"，还原书籍质朴的本原。

杨绛的《我们仨》的书装设计，让我们看到陆智昌理念的实践。

《我们仨》最初设想是杨绛一家三口各写一部分。但是，短短两年间，钱瑗、
钱锺书先后病逝。在两个最亲爱的人走了之后，杨绛以九十二岁高龄，重温
一遍一同生活的岁月，把漫长的六十三年的家庭历史全部化成文字。一本书，
"一个寻寻觅觅的万里长梦。一个单纯温馨的学者家庭。相守相助，相聚相失"。
点点滴滴，含蓄节制，字里行间是安静得难以言表的忧伤。

陆智昌回忆做这本书的时候，眼前总是这样一个情境：一位安详的老人，
在三里河洒满了春日明媚阳光的窗边，徐徐写下一份至情的回忆……他生怕
打扰这永恒静谧的一刻，于是所能做的是更"节制"，一些往常可能是那么
理所当然的"设计元素"，都变成不可忍受的噪声而一一弃掉。《我们仨》的
书衣质朴无华。陆智昌特意选用了皱巴巴的竖条布纹纸，和淡棕色搭配，生
发出强烈的怀旧情愫。封面上反白的是三个人的乳名，封底黑色的杨绛手迹

《书于竹帛：中国古代的文字记录》   《柳如是别传》

钱存训著   陈寅恪著

上海书店出版社／二〇〇六年   三联书店／二〇〇一年

是"我一个人思念我们仨"，整齐与缺失的反差，令人凄然。书中插有不少"我们仨"温暖得让人流泪的照片，为了贯彻"节制"这一设计思路，全部处理成棕色调子。空灵、明秀、沉静，形式与内容在这里得到完美的结合。

《柳如是别传》为"陈寅恪集"的一种，设计旨深趣远又具震撼力。暖灰色调的封面略带沧桑感，上方作者名字和书名以严谨的宋体字做大小韵律有致地排列，占位置很小；下方则是大片空间，无一丝装饰，凸现两行文字："独立之精神，自由之思想。"这是陈寅恪撰文、林志均书丹的王国维墓志的拓片。斑驳的文字虽小，却烘托出颇具历史影响的气氛。陆智昌真正吃透了陈寅恪的人品风格，准确地把握住他作为一介书生身体力行的痛苦求索，从而定格了一代大师的精神气质，彰显了一种质直不讳的文化精神。

陆智昌的设计精致秀雅，偏爱白色，追求一种"润物无声"的境界。

《写在人生边上》是"钱锺书集"之一。这套书封面白色主调，靠上部色条上下的一纵一横是集名和书名，风格庄重严谨，明快平实。他为钱存训《书于竹帛：中国古代的文字记录》作的书衣，也是这种散淡蕴藉的格调。这本

《在路上》　　　　　　　　　《巫言》
（美）杰克·凯鲁亚克著，王永年译　朱天文著
上海译文出版社／二〇〇六年　　上海人民出版社／二〇〇九年

研究中国古代书籍和文字演变的书，白色封面尽可能纯化，黑色书名竖排，下方一个棕色色条起到了冲淡调和的作用。杰克·凯鲁亚克《在路上》的封面书名之下像是旧式打印机在纸上留下的墨迹，一句"…you could call my life on the road，Prior to that I'd always dreamed of…"横跨了整个白色页面，一前一后的半个省略号，没有开始，没有结束，给人"永远在路上"的感觉。小说《巫言》，人称朱天文"熬字七年，化身为巫"的巅峰之作。封面全是白色，凝练宁静，除了右边顶端的书名、作者名字及一行小字（"你知道菩萨为什么低眉？是这样的，我曾经遇见一位不结伴的旅行者"）外，唯一的图案是一个凸起的逗号，而这个逗号也是白色。

　　内容不同的书，在陆智昌的设计中得到风姿各异的个性化演绎。

　　米兰·昆德拉的小说，一九八七年有中译本面世。小说中叙述的历史经验，让经过"文革"荒谬的中国读者熟悉而亲切。但译本多是从英文版转译，有的又有删节和篡改。二〇〇三年，上海译文出版社根据昆德拉授权的法国伽里玛出版社版本，重新翻译出版。陆智昌的设计放弃了所谓"经典"模式，

《不能承受的生命之轻》

（法）米兰·昆德拉著，许均译
上海译文出版社／二〇〇三年

《不朽》

（法）米兰·昆德拉著，王振孙等译
上海译文出版社／二〇〇三年

《广岛之恋》

（法）玛格丽特·杜拉斯著，谭立德译
上海译文出版社／二〇〇五年

《情人》

（法）玛格丽特·杜拉斯著，王道乾译
上海译文出版社／二〇〇五年

226

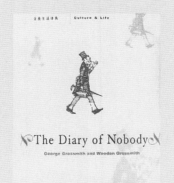

《小人物日记》

（美）乔治·格罗史密斯等著，孙仲旭译
三联书店／二〇〇五年

《门萨的娼妓》

（美）伍迪·艾伦著，孙仲旭译
三联书店／二〇〇五年

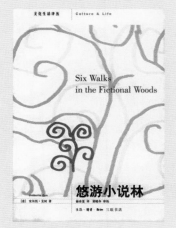

《悠游小说林》

（意）安贝托·艾柯著，俞冰夏译
三联书店／二〇〇五年

《圈子》

《SOHU小报》编选
长江文艺出版社／二〇〇五年

《洛丽塔》

（美）纳博科夫著，主万译
上海译文出版社／二〇〇五年

《北京跑酷》

一石文化＋设计及文化工作室
三联书店／二〇〇九年

改用较具现代感的手法。封面均以白色为主，配上以现代人的生存状态为题材的图画。他认为，昆德拉最大的读者群为生活方式较为现代化的都市人阶层。全套书格式基本固定，每本画面不同，统一中又有变化。

玛格丽特·杜拉斯一生浪漫传奇，不可能的爱情和对爱情的追求，是她作品的重要主题。上海译文出版社的"玛格丽特·杜拉斯文集"精装本，陆智昌设计的封面，一本一种颜色，每本都不一样。书名是中文与法文并用，作者签名则用手迹。腰封一律白色，但选用玛格丽特·杜拉斯的照片又本本不同。小型开本，版心内的文字疏朗悦目，颇为大气。

《小人物日记》和《门萨的娼妓》用漫画人物做封面装帧，营造了谐谑色彩，与作品中对小市民的讥讽和对传统的颠覆的笔调呼应。但夸张适度，色彩淡雅，依然是"陆氏风格"。

《北京跑酷》介绍北京地区人文景观，陆智昌没有按照旅游书千篇一律地编排文本照片，而是给予了崭新的表达。他组织香港、汕头的艺术学院的大学生，指导他们将北京风光通过视觉化解构重组，再将地域、位置、物象

《花间十六声》
孟晖著
三联书店／二○○六年

《十二美人》
赵广超　吴靖雯著
紫禁城出版社／二○一○年

编辑在图文的叙述之中，以视觉阅读贯通全书。

《洛丽塔》描述一位中年教授爱上房东十二岁的女儿洛丽塔，近乎病态的执迷把他引向了毁灭的结局。小说曾遭到非议禁毁。陆智昌用绘画语言符号传达出书的基调：明黄的底色上一个可乐瓶子，一支吸管，一朵白色的小花。稚嫩酸涩，令读者心灵震颤。

《花间十六声》"以《花间集》和部分晚唐、五代、宋代诗词中描写的十六种物件如屏风、枕头、梳子、口脂等为线索和底本，以当时的造型艺术（纸上绘画、壁画、饰品等）为参照，深入、充分、兴味盎然地探究、考证一千多年前中国女性生活的种种细节，尽力再现那个遥远的年代之一角"。绛红色的封面封底，三幅工笔仕女肖像放在封面右上角，自上而下分别用浅紫、土黄和粉绿衬底。妩媚艳丽，透出《花间集》的余韵，如同惊鸿一瞥。

陆智昌的书籍设计最为读者推崇的是洗尽铅华之美，删繁就简，恬淡丽逸。网上有读者说："经陆智昌先生手出来的书，打开就能安安静静地进入文字，没有杂音，没有干扰，这实在是读书人的幸事。"

《佛陀的故乡》

林许文二等著
海南出版社／二〇〇二年

《从卡夫卡到昆德拉》

吴晓东著
三联书店／二〇〇三年

《阅读城市》

张钦楠著
三联书店／二〇〇四年

《作文本》

张永和著
三联书店／二〇〇五年

《珠还记幸》

黄裳著
三联书店／二〇〇六年

《汉字王国》

（瑞典）林西莉著，李之义译
三联书店／二〇〇七年

《眼睛》

（美）纳博科夫著，蒲隆译
上海译文出版社／二〇〇五年

《玛丽》

（美）纳博科夫著，王家湘译
上海译文出版社／二〇〇七年

《透明》

（美）纳博科夫著，陈安全译
上海译文出版社／二〇〇八年

《绝望》

（美）纳博科夫著，朱世达译
上海译文出版社／二〇〇六年

《防守》

（美）纳博科夫著，逄珍译
上海译文出版社／二〇〇九年

《微暗的火》

（美）纳博科夫著，梅绍武译
上海译文出版社／二〇一一年

朱赢椿：

前卫的实验书

朱赢椿

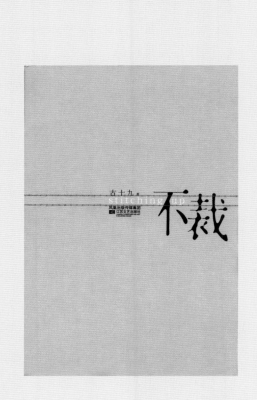

《不裁》

古十九著

江苏文艺出版社／二〇〇六年

二〇一三年，朱赢椿、艺冉装帧设计的《平如美棠：我俩的故事》，再次进入"中国最美的书"行列。从二〇〇四年开始，朱赢椿获得这个奖项的书，已有《江南文化的诗性阐释》《不裁》《没有脸的诗集》《蚁呓》《真相——慰安妇调查纪实》《小猫茉莉》《不哭》《私想着》《以艺术家的方式工作：驾驭飞龙》《私想者》《一个一个人》《蜗牛慢吞吞》《空度》等十余种。其中，《不裁》在二〇〇七年德国莱比锡最美的图书奖评比中被评为"世界最美的书"；《蚁呓》二〇〇八年获联合国教科文组织和德国图书艺术基金会的"世界最美图书"特别制作奖。

《不裁》是一篇篇几百字的网络博客随笔的合集。封面土黄色，书名两个大字本色天然。采用缝纫机制作的两条细细的平行红线，从前勒口到后勒口随意穿过，据说在每本书上的位置都不一样。书芯由三种不同颜色、不同质地的纸混合装订而成，书的下端边缘保留了纸的原始质感。书的独特之处是没有裁切。裁纸刀附在书的扉页上，撕开即用，同时还可作为书签。当你沿着裁切线慢慢裁开，就会发现有的里面还印着作者古十九画的插图，画面与诗词呼应，给人以朴拙的美感。

朱赢椿说，《不裁》的设计思路是从书页还没有裁切整齐的半成品引发，"毛边书有一种特别的气息，那种粗糙的质感显得很特别。太完美的东西往往让人产生难以亲近的距离感，有一点瑕疵反而显得更有亲和力，我想这样的书读者拿在手里会感觉更亲切随意，阅读会感觉更放松。"他认为，再美的文字读多了总会让人疲惫，应在读者的阅读旅途中提供视觉"驿站"。一边读一边裁开书页，"书籍形态会随着读者的阅读过程发生变化，这也是一个有趣的过程，会给读者营造一种富有吸引力和趣味性的阅读气氛"。

234

《不裁》扉页　　　　　　《不裁》插图选页　　　　　　《蚁呓》

朱赢椿　周宗伟著
江苏文艺出版社／二〇〇七年

　　《不裁》的装帧朴素平实，所用材质极为普通，制作成本低，书价便宜。与许多参赛作品包装豪华、用材讲究、价格昂贵相比，愈显得难能可贵。

　　《蚁呓》是一本关于蚂蚁的故事书，朱赢椿的设计别出心裁。正方形二十四开的"白纸世界"，乍一看像极了一本白壳笔记本，没有书名，没有署名，有几粒灰尘，让人想随手拂去，仔细端详，竟然是画的五只蚂蚁。书中的留白占到百分之八十，以致引起有的读者不满，说《蚁呓》只能算是一个笔记本子，不能算是书。

　　朱赢椿把可以省略的视觉元素全部减去。这样做，是为了突出一个视觉重点：蚂蚁虽然小得难以进入人们的视野，但和我们一样有着尊贵的生命。我们不要像对待灰尘那样随意掸去它们。大量留白就是这一思想的呈现。任何视觉元素都足以掩盖这个小生命在读者视野中的存在，唯有毫无保留的空白才能表达对这个小得微不足道的生命的尊重。

　　朱赢椿将《不裁》设计成一本需要边裁边看的书，让阅读有延迟、有期待、有节奏，意在调动读者的参与性，加强书与人之间的互动，借此传达一种特

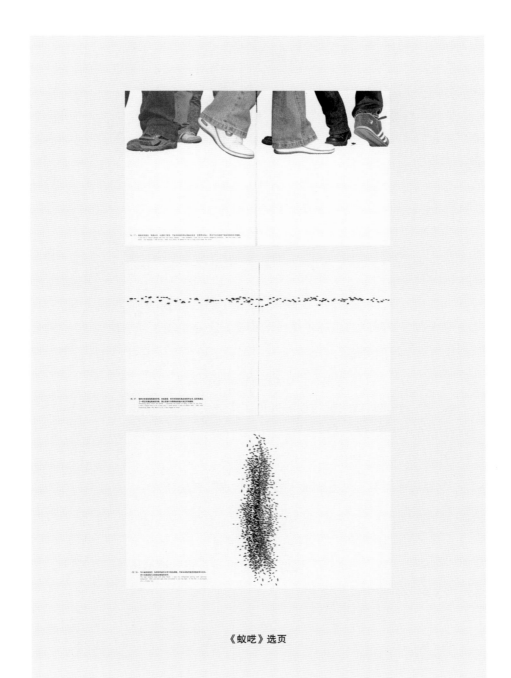

《蚁吃》选页

《江南文化的诗性阐释》

刘士林著

上海音乐学院出版社／二〇〇八年

《不哭》

申赋渔著

江苏文艺出版社／二〇〇八年

《信封》

（德）海纳格兰钦著，云起译

译林出版社／二〇〇八年

别的书籍理念：阅读的乐趣不是被动接受，而是主动参与。他说："一般的书籍信息都是单向传递的，读者通常只能被动接受书中的内容，而我想通过某种渠道让读者在阅读的过程中也参与书籍创作过程。"

《蚁呓》中的留白无疑为读者提供了更为丰富的想象和创作空间，是向读者发出的诚挚邀请：这是一本需要共同补充、创造和书写的图书，空白之处留待每一位读者去填空。

"世界最美的书"评委会对《蚁呓》做出了高度评价：

> 这本双语书（中英文）以高雅的美取胜，它体现在高超的设计水准和极少的设计介入。以蚂蚁的角度切入，把蚂蚁的渺小和它与人类的相似性形象地表现出来。在这本书中，中国的传统元素和当下现代主题得到有趣的结合。空白页和极少的文字体现了佛教对创作者的影响，促使人们去反思，对生命应报以怎样的态度。特别是创作者的互动理念让人信服：读者可以通过写信或者电邮告诉他们

《没有脸的诗集》　　　　　　　　《设计诗》

郭平著　　　　　　　　　　　　　朱赢椿著
江苏文艺出版社／二〇一一年　　　广西师范大学出版社／二〇一一年

阅读本书的体验和联想。这样应该有后续的书问世。

　　《不裁》《蚁呓》都是实验书（或称"概念书"），即从设计到内容都具有自主性和实验性。朱赢椿进行了一次次尝试，表现出前卫的创意。

　　《不哭》描述了底层社会中十八个孩子的生存和教育困境，他们的苦难与不幸，沉沦与奋发，展示了少年真实的群像。朱赢椿用洁白柔软的内页纸、粗糙坚韧的牛皮纸等不同的纸质，表现不同经历的少年和不同的故事……封面粗糙、斑驳，像是带着泪痕，怀旧而感伤，沉重而质朴。书装投射了艺术家对孩子的关怀悲悯。

　　《没有脸的诗集》没有封面，第一页兼具封面，印第一首诗，诗题就是《没有脸的诗集》。简单直接，极为素朴。"如果说脸是相，相由心生，心是私我的田园，这本无相的诗集直接让读者进入诗人的心园；那些细小的、或长或短的文字，恰如心园中的花径，引领访者吟咏其中；在双语的互动中，读中或读英，又或亦中亦英，适随尊便。"（靳埭强：《多情柔和的做书者朱赢椿》）

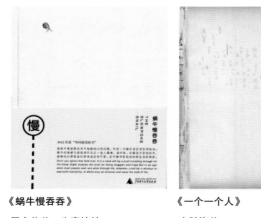

《蜗牛慢吞吞》
周宗伟著，朱赢椿绘
广西师范大学出版社／二〇一一年

《一个一个人》
申赋渔著
湖南文艺出版社／二〇一二年

《一个一个人》选页

　　《蜗牛慢吞吞》是又一本通过小生命的生活来思考哲理的佳作，依然表现出对被忽略的生命的关怀。印刷工艺的精致强化了书香墨韵，设计名家靳埭强评论说："选用了淡灰的荷兰进口纸，运用凹凸压制的文字使封面安静内敛，左上角印上一只小蜗牛，它的下方弯弯曲曲、不规整的具有湿润感的爬行'足迹'是使用透明 UV 印刷，只能在特定的光线与角度中察觉，要读者有一份耐心与关怀来感触和体会。内页的文字编排工细文静，插图淡雅柔和，唱和着如摇篮曲的慢板。"（《多情柔和的做书者朱赢椿》）

　　《一个一个人》记录了作者经历的各色人等，也记录了"一代人的心灵"。作者希望从中"能打捞一些遗落在时光之流中的诗意贝壳，它的力量能让异化并麻木了的灵魂重拾感受力，让原初的生命力重新起身"。（《写在后面》）这本被做旧的书，书脊残破，内页泛黄，书中夹着照片、香烟纸、火花、千纸鹤、小人书的碎片，甚至还有小虫翅膀和发丝。与文字交融的细节，无不烙上时光的印记。

　　《肥肉》是朱赢椿二〇一四年的实验。他自任主编，历时五年。全书围

《私想者》

刘春杰著

黑龙江美术出版社／二〇〇五年

《私想着》

刘春杰著

华东师范大学出版社／二〇〇八年

《平如美棠：我俩的故事》

饶平如著

广西师范大学出版社／二〇一三年

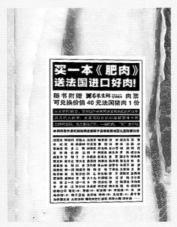

《肥肉》

朱赢椿主编

南京师范大学出版社／二〇一四年

绕"肥肉"这一有趣的话题，汇集了从知名人士到芸芸众生一百余名中国人关于"肥肉"的经历和记忆，折射出过往年代的酸甜苦辣。朱赢椿设计封面时原有两个方案，纯白纸上只印一块油亮的肥肉，或直接把书做成一块"生猪肉"，最后是两方具备。他说："浓妆淡抹，任君自选。"

王慧在《从"最美的书"到多元装帧艺术》中论及实验书时说，设计者"每次尝试都有创新和发明，会利用设计创造独特的视觉游戏效果，期待设计不仅为内容服务，更希望借助设计和读者形成互动，书籍设计及其效果更类似'行为艺术'的表演"，指出"这样的设计无论在当下还是以后，更多会成为代表某种时尚风潮的标本，而不会进入书籍设计的主要领域"。这是对实验书的总体概括。朱赢椿的实验，重视形式，他说："我们这个时代是一个匆忙的时代，如果一本书的形式太弱，多半就被人忽略了。现代社会应该鼓励用形式吸引读者的人出现。"但更崇尚设计的亲和力，强调"书籍的设计要符合人的本性，贴近人的内心"，"一个好的设计应当能够缩短书与人之间的距离，而不是在书和人之间设立一道鸿沟"。（《书戏》）

朱赢椿生于苏北。一九九五年，南京师范大学美术系中国画专业毕业，现为南京师范大学出版社美术编辑、装帧设计师。他将自己的工作室称作"书衣坊"，就是"为书作嫁衣裳"。一本书有了灵魂才会美。他的设计宗旨就是挖掘出每本书的特质，注入创意的灵魂，打造出合适的"衣裳"。他认为，不管使用何种方式，只要书籍整体设计非常切合书籍的内容，能给读者以多重感官的审美愉悦和情感上的共鸣，就是最美的图书。

附
录

绀弩散文《绝叫》插图　张光宇

1.《礼拜六》第二十二期
上海中国图书公司 / 一九一四年

2.《国民》第一卷第一号
北京大学 / 一九一八年

3.《三叶集》/ 郭沫若等著
亚东图书馆 / 一九二〇年

4.《草儿》/ 康白情著
亚东图书馆 / 一九二二年

5.《迷宫》/ 滕固著
光华书局 / 一九二四年

6.《死人之叹息》/ 滕固著
泰东图书局 / 一九二五年

7.《冯小青》/ 潘光旦著
新月书店 / 一九二七年

8.《君山》/ 韦丛芜著
未名社 / 一九二七年

9.《怂恿》/ 彭家煌著
开明书店 / 一九二七年

书衣设计：1. 丁悚 2. 徐悲鸿 5. 季小波 7. 郑慎斋 8. 林风眠

10.《荔枝小品》/ 钟敬文著
北新书局 / 一九二七年

11.《昨日之歌》/ 冯至著
北新书局 / 一九二七年

12.《食客与凶年》/ 李金发著
北新书局 / 一九二七年

13.《瓶》/ 郭沫若著
创造社出版部 / 一九二七年

14.《唯美派的文学》/ 滕固著
光华书局 / 一九二七年

15.《短裤党》/ 蒋光赤著
泰东图书局 / 一九二七年

16.《新俄的演剧运动与跳舞》/ 画室译
北新书局 / 一九二七年

17.《女看护长》/ 雪生著
励群书店 / 一九二八年

18.《女神》/ 郭沫若著
泰东图书局 / 一九二八年

10. 关良 14. 季小波 15. 朱鲧典 16. 孙玉麟 17～18. 朱鲧典

19.《女娲氏之遗孽》/ 叶灵凤著
光华书局 / 一九二八年

20.《中国古代文艺论史》/ 孙俍工译
北新书局 / 一九二八年

21.《中秋月》/ 胡云翼著
光华书局 / 一九二八年

22.《少女与妇人》/ 沈松泉著
光华书局 / 一九二八年

23.《双影》/ 叶鼎洛著
现代书局 / 一九二八年

24.《未亡人》/ 叶鼎洛著
新宇宙书店 / 一九二八年

25.《他的天使》/ 杨骚著
北新书局 / 一九二八年

26.《皮克的情书》/ 彭家煌著
现代书局 / 一九二八年

27.《在黑暗中》/ 丁玲著
开明书店 / 一九二八年

19. 孙玉麟　21. 季小波　23. 郑慎斋　27. 刘既漂

28.《自剖》/ 徐志摩著
新月书店 / 一九二八年

29.《欢乐的舞蹈》/ 钱杏邨著
现代书局 / 一九二八年

30.《花一般的罪恶》/ 邵洵美著
金屋书店 / 一九二八年

31.《抗争》/ 郑伯奇著
创造社出版部 / 一九二八年

32.《贡献》第四卷第二期
嘤嘤书屋 / 一九二八年

33.《贡献》第四卷第四期
嘤嘤书屋 / 一九二八年

34.《到大连去》/ 孙席珍著
春潮书局 / 一九二八年

35.《受难者的短曲》/ 杨骚著
开明书店 / 一九二八年

36.《诗稿》/ 胡也频著
现代书局 / 一九二八年

28. 江小鹣 29. 朱鮻典 32. 龚珏 33. 雷圭元 34. 方匀

37.《茶杯里的风波》/ 彭家煌著
现代书局 / 一九二八年

38.《恢复》/ 郭沫若著
创造社出版部 / 一九二八年

39.《活珠子》/ 胡也频著
光华书局 / 一九二八年

40.《都门豢鸽记》/ 于照著
晨报出版部 / 一九二八年

41.《离绝》/ 江雨岚著
光华书局 / 一九二八年

42.《菊芬》/ 蒋光慈著
现代书局 / 一九二八年

43.《曼殊小说集》/ 曼殊著
光华书局 / 一九二八年

44.《做父亲去》/ 洪为法著
金屋书店 / 一九二八年

45.《情人》/ 左干臣著
亚细亚书局 / 一九二八年

39. 季小波 40. 于非闇 41. 唐英伟 45. 李宇

248

46.《黑假面人》/〔俄〕安特列夫著
未名社 / 一九二八年

47.《痛心》/ 黄药眠著
乐群书店 / 一九二八年

48.《暗夜》/ 华汉著
创造社出版部 / 一九二八年

49.《黎明之前》/ 龚冰庐著
创造社出版部 / 一九二八年

50.《小小十年》/ 叶永蓁著
春潮书局 / 一九二九年

51.《女孩儿们》/ 金满成著
乐华图书公司 / 一九二九年

52.《天明了》/ 黎锦晖著
文明书局 / 一九二九年

53.《斗牛》/ 徐霞村译
春潮书局 / 一九二九年

54.《火殉》/ 干臣著
文艺书局 / 一九二九年

51. 郑慎斋　52. 折西

55.《古庙集》/ 衣萍著
北新书局 / 一九二九年

56.《平淡的事》/ 彭家煌著
大东书局 / 一九二九年

57.《四星期》/ 胡也频著
华通书局 / 一九二九年

58.《旧时代之死》/ 柔石著
北新书局 / 一九二九年

59.《动荡》/ 藻雪著
泰东图书局 / 一九二九年

60.《过去的生命》/ 周作人著
北新书局 / 一九二九年

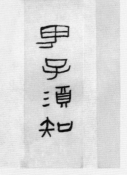

61.《同胞姊妹》/ 顾仲彝编
真美善书店 一九二九年

62.《江南民间情歌集》/ 李白英编
光华书局 / 一九二九年

63.《男子须知》/ 沈从文著
红黑出版社 / 一九二九年

55. 吴曙天 56. 李宇 59. 糜文焕 62. 糜文焕

64.《作品与作家》/ 赵景深著
北新书局 / 一九二九年

65.《初一之画》/ 文农著
现代书局 / 一九二九年

66.《金鞭》/ 孙席珍著
真美善书店 / 一九二九年

67.《南风的梦》/ 学昭著
真美善书店 / 一九二九年

68.《战场上》/ 孙席珍著
真美善书店 / 一九二九年

69.《叛道的女性》/ 陈翔冰著
真美善书店 / 一九二九年

70.《洗澡》/ 徐霞村译
开明书店 / 一九二九年

71.《蚕蜕集》/ 史岩著
广益书局 / 一九二九年

72.《乘桴集》/ 柳亚子著
平凡书局 / 一九二九年

65. 黄文农 71. 郑慎斋

73.《流冰》/ 画室译
水沫书店 / 一九二九年

74.《海愁》/ 张国瑞著
泰东图书局 / 一九二九年

75.《海滨的二月》/ 钟敬文著
北新书局 / 一九二九年

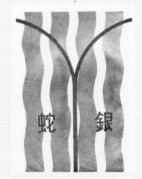

76.《梦幻与青春》/ 程鹤西译
春潮书局 / 一九二九年

77.《菲丽斯表妹》/ 徐灼礼译
春潮书局 / 一九二九年

78.《银蛇》/ 章克标著
金屋书店 / 一九二九年

79.《窗下随笔》/ 衣萍著
北新书局 / 一九二九年

80.《文艺月刊》创刊号
中国文艺社 / 一九三〇年

81.《幻醉及其他》/ 谢冰季著
中华书局 / 一九三〇年

74. 方雪鸪　80. 蒋兆和　81. 赵蓝天

82.《囚人之书》／ A.A.SOFIO 著
开明书店 ／ 一九三〇年

83.《白猫》／ 顾均正译
开明书店 ／ 一九三〇年

84.《外遇》／ 滕固著
金屋书店 ／ 一九三〇年

85.《休息》／ 王实味著
中华书局 ／ 一九三〇年

86.《如此如此》／（英）吉卜林著
开明书店 ／ 一九三〇年

87.《何侃新与倪珂兰》／ 邢鹏举译
新月书店 ／ 一九三〇年

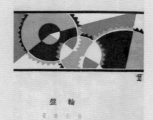

88.《到莫斯科去》／ 胡也频著
光华书局 ／ 一九三〇年

89.《轮盘》／ 徐志摩著
中华书局 ／ 一九三〇年

90.《某少女》／ 沉樱著
北新书局 ／ 一九三〇年

87. 赵尚卿 89. 赵蓝天

91.《威尼斯商人》/顾仲彝译
新月书店 / 一九三〇年

92.《春醪集》/梁遇春著
北新书局 / 一九三〇年

93.《饿》/（挪威）哈姆生著
水沫书局 / 一九三〇年

94.《爱的映照》/孟超著
泰东图书局 / 一九三〇年

95.《湖上散记》/钟敬文著
明日书店 / 一九三〇年

96.《跳跃着的人们》/张资平著
文艺书局 / 一九三〇年

97.《寸草心》/陈学昭著
新月书店 / 一九三一年

98.《女贼》/梁得所著
良友图书印刷公司 / 一九三一年

99.《地下室手记》/洪灵菲译
湖风书局 / 一九三一年

100.《奄生日记》/ 王匠伯著
现代书局 / 一九三一年

101.《伏流》/ 汤汤著
商务印书馆 / 一九三一年

102.《两个女性》/ 华汉著
亚东图书馆 / 一九三一年

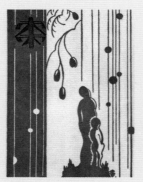

103.《枣》/ 废名著
开明书店 / 一九三一年

104.《柳下》/（丹）安徒生著
开明书店 / 一九三一年

105.《倚枕日记》/ 章衣萍著
北新书局 / 一九三一年

106.《爱的分野》/ 蒋光慈　陈情译
亚东图书馆 / 一九三一年

107.《渺茫的西南风》/ 刘大杰著
北新书局 / 一九三一年

108.《新月诗选》/ 陈梦家编
诗社 / 一九三一年

103. 糜文焕　105. 郑慎斋

109.《田野的风》/ 蒋光慈著
湖风书局 / 一九三二年

110.《血祭》/ 匡亚明著
光华书局 / 一九三二年

111.《她是一个弱女子》/ 郁达夫著
湖风书局 / 一九三二年

112.《我在欧洲的生活》/ 王独清著
光华书局 / 一九三二年

113.《桥》/ 废名著
开明书店 / 一九三二年

114.《菊子夫人》/ 洛蒂著
商务印书馆 / 一九三二年

115.《一个母亲》/ 沈从文著
合成书局 / 一九三三年

116.《当代中国女作家论》/ 黄人影编
光华书局 / 一九三三年

117.《希望》/ 柔石著
商务印书馆 / 一九三三年

110. 糜文焕 113. 糜文焕 114. 刘既漂

118.《诗篇》第三期
时代图书公司 / 一九三三年

119.《昨夜》/ 白薇 杨骚著
南强书局 / 一九三三年

120.《屋顶下》/ 鲁彦著
现代书局 / 一九三三年

121.《航海的故事》/ 刘虎如编
开明书店 / 一九三三年

122.《消失了的情绪》/ 张篷舟著
文华美术图书印刷公司 / 一九三三年

123.《曼殊译作集》/ 曼殊译
开华书局 / 一九三三年

124.《望舒草》/ 戴望舒著
现代书局 / 一九三三年

125.《蜈蚣船》/ 澎岛著
北国社 / 一九三三年

126.《死的舞蹈》/ 吴伴云译
大东书局 / 一九三四年

118. 庞熏琹 121. 莫志恒 122. 黄文农

127.《名家日记》/ 新绿文学社编
文艺书局 / 一九三四年

128.《名家传记》/ 新绿文学社编
文艺书局 / 一九三四年

129.《名家游记》/ 新绿文学社编
文艺书局 / 一九三四年

130.《花厅夫人》/ 林微音著
四社出版部 / 一九三四年

131.《学文》第一卷第一期
学文月刊 / 一九三四年

132.《鸭绿江上》/ 蒋光赤著
亚东图书馆 / 一九三四年

133.《高贵的人们》/ 凌鹤著
千秋出版社 / 一九三四年

134.《黑牡丹》/ 穆时英等著
良友图书印刷公司 / 一九三四年

135.《游目集》/ 沈从文著
大东书局 / 一九三四年

131. 林徽因　133. 静生

258

136.《中国新文学大系 史料·索引》
良友图书印刷公司／一九三五年

137.《手套与乳罩》／妇人画报社编
良友图书印刷公司／一九三五年

138.《叶伯》／吴奚如著
天马书店／一九三五年

139.《回春之曲》／田汉著
普通书店／一九三五年

140.《红一点》／崔万秋著
时代图书公司／一九三五年

141.《棘心》／绿漪女士著
北新书局／一九三五年

142.《中国的西北角》／长江著
天津大公报馆／一九三六年

143.《风雨谈》／周作人著
北新书局／一九三六年

144.《冷热集》／任钧著
诗人俱乐部／一九三六年

136.汪汉雯 137.郭建英 139.郑川谷

145.《苦竹杂记》/ 周作人著
良友图书印刷公司 / 一九三六年

146.《黄土泥》/ 老向著
人间书屋 / 一九三六年

147.《密约》/ 陈福熙著
大光书局 / 一九三六年

148.《蒙地加罗》/ 叶灵凤译
大光书局 / 一九三六年

149.《赛金花》/ 夏衍著
生活书店 / 一九三六年

150.《武则天》/ 宋之的著
生活书店 / 一九三七年

151.《战号》/ 郑振铎著
生活书店 / 一九三七年

152.《热风》终刊号
热风月刊社 / 一九三七年

153.《涓涓》/ 萧军著
燎原书店 / 一九三七年

147. 静生 149. 郑川谷

154.《自由谭》创刊号
Post Mercury／一九三八年

155.《五月的延安》/ 集体创作
读书生活出版社／一九三九年

156.《地上的一角》/ 罗淑著
文化生活出版社／一九三九年

157.《灵飞集》/ 张次溪编
天津书局／一九三九年

158.《世界革命文艺论》/ 黄峰著
文艺新潮社／一九四〇年

159.《旧巷斜阳》/ 刘云若著
天津文化出版社／一九四〇年

160.《西星集》/ 柳存仁著
宇宙风社／一九四〇年

161.《回忆》/ 马国亮著
良友复兴图书公司／一九四〇年

162.《延安访问记》/ 陈学昭著
北极书店／一九四〇年

154. 张仃 156. 巴金 157. 冯棣 160. 冯棣 162. 马国亮

163.《灵山歌》／雪峰著
作家书屋／一九四〇年

164.《马伯乐》／萧红著
大时代书局／一九四一年

165.《为奴隶的母亲》／柔石著
香港齿轮编译社／一九四一年

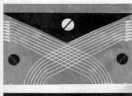

166.《孤岛三重奏》／吴天著
国民书店／一九四一年

167.《蠹鱼集》／林栖著
北京沙漠画报社／一九四一年

168.《药味集》／周作人著
新民印书馆／一九四二年

169.《飞花曲》／冼群著
国讯书店／一九四三年

170.《我是初来的》／胡风编
希望社／一九四三年

171.《天地》第十一期
天地出版社／一九四四年

164. 余所亚 169. 特伟 170. 胡风 171. 张爱玲

262

172.《牛骨集》/ 陶晶孙著
太平书局 / 一九四四年

173.《白马的骑者》/ 雷妍著
新民印书馆 / 一九四四年

174.《杏花春雨江南》/ 于伶著
美学出版社 / 一九四四年

175.《两颗星》/ 曾今可著
新世代书局 / 一九四四年

176.《金发大姑娘》/ 亦代 水拍译
美学出版社 / 一九四四年

177.《奇异的旅程》/ 沙汀著
当今出版社 / 一九四四年

178.《药堂杂文》/ 周作人著
新民印书馆 / 一九四四年

179.《秋初》/ 关永吉著
新民印书馆 / 一九四四年

180.《美文集》/ 徐迟著
美学出版社 / 一九四四年

172. 米谷 180. 廖冰兄

181.《流言》/ 张爱玲著
中国科学公司 / 一九四四年

182.《塔里的女人》/ 无名氏著
真美善图书公司 / 一九四四年

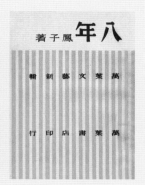

183.《八年》/ 凤子著
万叶书店 / 一九四五年

184.《土》/ 沙里著
新民印书馆 / 一九四五年

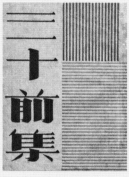

185.《三十前集》/ 路易士著
诗领土社 / 一九四五年

186.《太太专车》/ 易金著
复兴出版社 / 一九四五年

187.《这时代》/ 罗洪著
正言出版社 / 一九四五年

188.《幽林》/ 周楞伽著
春雷书店 / 一九四五年

189.《传奇》/ 张爱玲著
山河图书公司 / 一九四六年

181. 炎樱 182. 叶浅予 186. 章西厓 189. 炎樱

190.《旷野的呼喊》/ 萧红著
上海杂志公司 / 一九四六年

191.《凯歌》/ 宋之的著
上海杂志公司 / 一九四六年

192.《疯妇》/ 子斌著
年青出版社 / 一九四六年

193.《绿的北国》/ 范泉著
永祥印书馆 / 一九四六年

194.《暗影》/ 黄药眠著
中国出版社 / 一九四六年

195.《大风雪》/ 孙陵著
万叶书店 / 一九四七年

196.《艺灵魂》/ 赵清阁著
艺海书店 / 一九四七年

197.《王贵与李香香》/ 李季著
晋察冀新华书店 / 一九四七年

198.《风萧萧》/ 徐讦著
怀正文化社 / 一九四七年

199.《甘雨胡同六号》/ 南星著
文艺时代社 / 一九四七年

200.《北极风情画》/ 无名氏著
时地出版社 / 一九四七年

201.《生死恋》/ 赵清阁著
商务印书馆 / 一九四七年

202.《江上行》/ 艾芜著
新群出版社 / 一九四七年

203.《论诗短札》/ 胡风等著
新群出版社 / 一九四七年

204.《李太太的头发》/ 叶绍钧著
博文书店 / 一九四七年

205.《短长书》/ 唐弢著
南国出版社 / 一九四七年

206.《醒来的时候》/ 鲁藜著
希望社 / 一九四七年

200. 廖冰兄 203. 章西崖 205. 庞薰琹

207.《小城三月》/ 萧红著
香港海洋书屋 / 一九四八年

208.《云雀》/ 路翎著
希望社 / 一九四八年

209.《冬天》/ 臧克家著
新群出版社 / 一九四八年

210.《危城记》/ 秦瘦鸥著
怀正文化社 / 一九四八年

211.《庸园集》/ 孔另境著
永祥印书馆 / 一九四八年

212.《翻身的年月》/ 周而复著
香港海洋书屋 / 一九四八年

213.《月亮下去了》/ 斯担贝克著
晨光出版公司 / 一九四九年

214.《旗下高歌》/ 芦荻著
人间书屋 / 一九四九年

215.《剪画选胜》/ 徐蔚南编
华夏图书出版印铸公司 / 一九四九年

209. 章西厓 213. 庞薰琹 215. 庞薰琹

王行恭先生提供书影，标◎者为台湾旧香居提供

1.《瑞穗》第十一号
嘉义农林学校校友会／一九三六年

2.《暗礁》／徐坤泉著
台湾新民报社／一九三七年

3.《台湾妇人界》三月号
台湾妇人社／一九三八年

4.《台湾艺术》第五号
台湾艺术社／一九四〇年

5.《台湾文学》创刊号
启文社／一九四一年

6.《旬刊台新》二月下旬号
台湾新报社／一九四五年

7.《新闻配达夫》／杨逵著◎
台湾评论社／一九四六年

8.《台湾月刊》第三、四期合刊
台湾月刊社／一九四七年

9.《文献》创刊号
台湾省文献委员会／一九四九年

书衣设计：1.陈澄波 2.林玉山 3.蓝荫鼎 4.杨三郎 5.李石樵 6.陈春德 7.黄荣灿 8.朱鸣冈 9.李石樵

10.《三色堇》/ 张秀亚著
重光文艺出版社 / 一九五二年

11.《台湾工艺》/ 颜水龙著
光华印书馆 / 一九五二年

12.《三台游赏录》/ 味橄著
大众书局 / 一九五三年

13.《日本导游》/ 梁在平等编
自由中国社 / 一九五四年

14.《丰年》第五卷第二十二期
丰年社 / 一九五五年

15.《七孔笛》/ 张漱菡著◎
大业书店 / 一九五六年

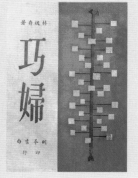

16.《今日新诗》第五期
今日新诗社 / 一九五七年

17.《千岁桧》/ 文心著
兰记书局 / 一九五八年

18.《巧妇》/ 林适存著
明华书局 / 一九五九年

10. 梁云坡 11. 金润作 12. 郭柏川 13. 梁云坡 14. 杨英风 15～16. 廖未林 17. 林玉山 18. 廖未林

19.《孤独国》/ 周梦蝶著
蓝星诗社 / 一九五九年

20.《笔汇》第一卷第一期◎
笔汇月刊社 / 一九五九年

21.《痖弦诗抄》/ 痖弦著◎
香港国际图书公司 / 一九五九年

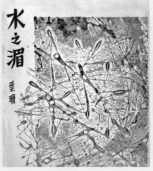

22.《文坛季刊》第六期
文坛社 / 一九六〇年

23.《水之湄》/ 叶珊著
蓝星诗社 / 一九六〇年

24.《七月的南方》/ 蓉子著
蓝星诗社 / 一九六一年

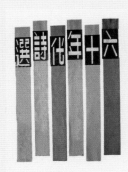

25.《六十年代诗选》/ 张默　痖弦主编
大业书店 / 一九六一年

26.《在春风里》/ 陈之藩著◎
文星书店 / 一九六二年

27.《画廊》/ 覃子豪著
蓝星诗社 / 一九六二年

19. 杨英风 20. 刘国松 21. 痖弦 22. 朱啸秋 23. 杨英风 24. 韩湘宁 25. 冯钟睿 26. 龙思良 27. 韩湘宁

28.《泡沫》/于吉著
大业书店／一九六二年

29.《贵妇与少女》/郭良蕙著◎
长城出版社／一九六二年

30.《湖上》/张秀亚著
光启出版社／一九六二年

31.《空谷幽兰》/谢冰莹著
广文书局／一九六三年

32.《现代人的悲剧精神与现代诗人》/罗门著
蓝星诗社／一九六四年

33.《石室之死亡》/洛夫著
创世纪诗社／一九六五年

34.《远方》/许达然著
大业书店／一九六五年

35.《现代文学》第二十四期
现代文学杂志社／一九六五年

36.《金阳下》/黎明著
青年诗人联谊会／一九六五年

28. 廖未林　29. 高山岚　30. 梁云坡　31. 高山岚　32～33. 庄喆　34. 沈镗　35. 龙思良　36. 秦松

37.《剧场》创刊号
剧场杂志社／一九六五年

38.《笠》第八期
曙光文艺社／一九六五年

39.《赎罪》／牟少玉著
作家出版社／一九六五年

40.《千万遍阳关》／淡莹著
星座诗社／一九六六年

41.《海天游踪》／钟梅音著
大中国图书公司／一九六六年

42.《属于十七岁的》／季季著
皇冠出版社／一九六六年

43.《又见棕榈，又见棕榈》／於丽华著
皇冠出版社／一九六七年

44.《千山之外》／喻丽清著
光启出版社／一九六七年

45.《中国现代诗选》／张默　痖弦主编
大业书店／一九六七年

37. 黄华成 38. 白荻 39. 高山岚 40. 秦松 41. 龙思良 42. 夏祖明　王宁生 43. 龙思良 44. 陈其茂 45. 顾重光

46.《中国新诗》第七期
青年诗人联谊会／一九六七年

47.《外外集》／洛夫著
创世纪诗社／一九六七年

48.《设计家》创刊号
设计家杂志社／一九六七年

49.《草原》杂志创刊号
草原杂志社／一九六七年

50.《晓云》／林海音著◎
皇冠出版社／一九六七年

51.《席德进画集》／席德进著
席德进画室／一九六八年

52.《捕蝶人》／丁广馨译
学生书局／一九六八年

46. 龙思良　47. 冯钟睿　48. 郭承丰　49. 姜渝生　50. 夏祖明　51. 席德进　52. 龙思良

53.《电影构成》/ 刘艺编译
皇冠出版社 / 一九六九年

54.《死亡之塔》/ 罗门著
蓝星诗社 / 一九六九年

55.《杨柳青》/ 后希铠著
新闻处 / 一九六九年

56.《海鸥集》/ 董正之著
民主宪政社 / 一九六九年

57.《也是秋天》/ 於丽华著
皇冠出版社 / 一九七〇年

58.《丽君与我》/ 李牧华著◎
文化图书公司 / 一九七〇年

59.《弄潮与逆浪的人》/ 孟瑶著
皇冠出版社 / 一九七〇年

60.《龙族诗刊》创刊号◎
林白出版社 / 一九七一年

61.《论佛洛以德》/ 弗洛姆著
环宇出版社 / 一九七一年

53. 张国雄 54. 罗门 55. 方向 56. 朱啸秋 57. 龙思良 58. 廖未林 59. 凌明声 60. 陈文藏 61. 郭承丰

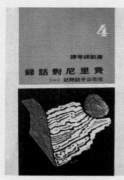

62.《费里尼对话录》/ 房凯娣等译
莘莘出版社 / 一九七一年

63.《深渊》/ 痖弦著
晨钟出版社 / 一九七一年

64.《台北人》/ 白先勇著
晨钟出版社 / 一九七三年

65.《人子》/ 鹿桥著
远景出版社 / 一九七四年

66.《飞向海湄》/ 王禄松著
水芙蓉出版社 / 一九七四年

67.《白玉苦瓜》/ 余光中著◎
大地出版社 / 一九七四年

68.《魔歌》/ 洛夫著
中外文学出版社 / 一九七四年

69.《将军族》/ 陈映真著
远景出版社 / 一九七五年

70.《第一件差事》/ 陈映真著
远景出版社 / 一九七五年

62. 阮义忠 63. 黄华成 64. 郭震唐 65. 黄华成 66. 梁云坡 67. 杨国台 68. 胡泽民 69~70. 吴耀忠

71.《嫁妆一牛车》／王祯和著◎
远景出版社／一九七五年

72.《尹县长》／陈若曦著
远景出版社／一九七六年

73.《众荷喧哗》／洛夫著◎
枫城出版社／一九七六年

74.《沙河悲歌》／七等生著
远景出版社／一九七六年

75.《原乡人》／钟理和著
远行出版社／一九七六年

76.《梦与醒的边缘》／司马长风著
时报出版社／一九七六年

77.《诗和现实》／陈芳明著◎
洪范书店／一九七七年

78.《柏克莱精神》／杨牧著
洪范书店／一九七七年

79.《大拇指小说选》／也斯等编◎
远景出版社／一九七八年

71. 黄华成 72. 吴耀忠 73. 碧果 74. 黄华成 75. 吴耀忠 76. 黄华成 77～78. 杨国台 79. 阿虫

80.《蓝星》第十号
蓝星诗社／一九七八年

81.《艺文与人生》／魏子云著◎
学人文化事业公司／一九七九年

82.《现代艺术家论艺术》／雨芸译
龙田出版社／一九七九年

83.《秧歌》／张爱玲著
皇冠出版社／一九七九年

84.《风格的诞生》／何怀硕著◎
大地出版社／一九八一年

85.《还魂草》／周梦蝶著
领导出版社／一九八一年

86.《稻草人手记》／三毛著
皇冠出版社／一九八二年

87.《孽子》／白先勇著
远景出版社／一九八三年

88.《在冷战的年代》／余光中著
纯文学出版社／一九八四年

80. 丁雄泉 81. 陈其茂 82. 罗智成 83. 夏祖明 84. 何怀硕 85. 杨纪迪 86. 吴璧人 87. 顾福生 88. 韩湘宁

89.《散步的山峦》/ 楚戈著
纯文学出版社 / 一九八四年

90.《倾城》/ 三毛著
皇冠出版社 / 一九八五年

91.《野火集》/ 龙应台著
圆神出版社 / 一九八五年

92.《午后书房》/ 林文月著
洪范书店 / 一九八六年

93.《走出神话国》/ 刘大任著
圆神出版社 / 一九八六年

94.《那汉子》/ 逯耀东著 ◎
圆神出版社 / 一九八六年

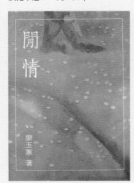

95.《闲情》/ 廖玉蕙著
圆神出版社 / 一九八六年

96.《少年游》/ 高阳著
皇冠出版社 / 一九八七年

97.《桐花凤》/ 高阳著
远景出版社 / 一九八七年

89. 楚戈 90. 韩舞麟 91. 简志忠 92. 郭豫伦 93～95. 简志忠 96. 高山岚 97. 郑问

98.《有风初起》/ 黄碧端著
洪范书店 / 一九八八年

99.《爱情笔记》/ 杜十三著
时报出版社 / 一九九〇年

100.《情诗》/ 杜十三著
圆明出版社 / 一九九〇年

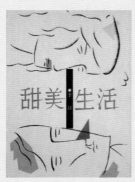

101.《甜美生活》/ 李昂著
洪范书店 / 一九九一年

102.《酒国》/ 莫言著 ◎
洪范书店 / 一九九三年

103.《半生缘》/ 张爱玲著
皇冠出版社 / 一九九六年

104.《新世界的零件》/ 杜十三著
台明文化 / 一九九八年

105.《饮膳札记》/ 林文月著
洪范书店 / 一九九九年

106.《剪取富春半江水》/ 大荒著
九歌出版社 / 一九九九年

98. 李男 99～100. 杜十三 101. 李纯慧 102. 李男 103. 吴惠纹 104. 杜十三 105. 郭豫伦 106. 李男

1.《**中国古代寓言故事**》 ／叶圣陶题签
河南人民出版社／一九八〇年

《中国古代寓言故事》 插图选页

2.《**百喻经故事选**》 ／茅盾题签
河南少年儿童出版社／一九八一年

《百喻经故事选》 插图选页

书衣设计：1. 何韵兰　何宁　2. 何韵兰

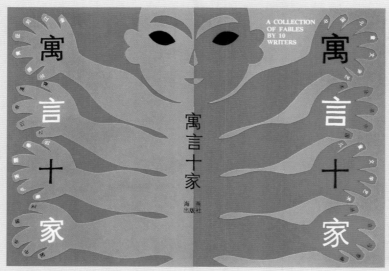

3.《寓言十家》
海燕出版社／一九八九年

4.《中国诗词曲赋辞典》
大象出版社／一九九七年

3. 张卫 4. 郑建新

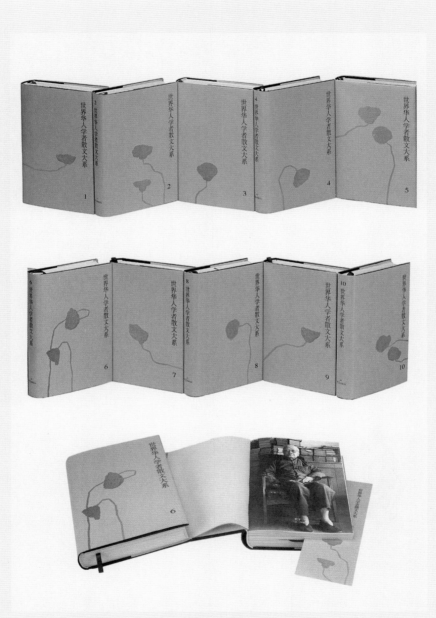

5.《世界华人学者散文大系》(十卷)
大象出版社／二〇〇三年

5. 张胜

282

6.《古诗名句荟萃》 / 臧克家题签
河南教育出版社 / 一九八三年

7.“阅读文丛”（十册）
海燕出版社 / 一九八六年

8.《同题散文比较阅读》
海燕出版社 / 一九八八年

9.“少年艺术之旅丛书”（十二册）
海燕出版社 / 二〇〇六年

10.《鸣溪谷书话》
大象出版社 / 二〇〇九年

11.《旧时文事：民国文学旧刊寻踪》
福建教育出版社 / 二〇一五年

6. 吴磊 7. 郭予群 8. 陆震伟 9. 郑颖 10. 王敏 11. 季凯闻

后记

《书衣二十家》是我阅读书衣的笔记。

一辈子爱书，也爱美丽的书衣。

一九五三年，我是一个痴迷于文学和绘画的初中二年级学生。学校图书馆的藏书中有不少二十世纪三十年代、四十年代的文学类旧书，我有幸看到并得以翻阅。书的内容自然没有条件细读，即使读，当时也未必读懂。但千姿百态的书衣，却令我目迷五色，眼界大开。那图案组合酿造出的典雅的古意，那抽象怪异表现出的幽玄的美感，无不给我以极大的视觉冲击，引起我对书衣艺术的兴趣。每一张优秀的书衣都有着独立的审美价值。品读书衣，每有所感，记之纸笔，这一爱好虽经坎坷而不衰。昔日的青涩少年，六十多年后已到了幕落花凋的年龄。

书衣留驻了时光。

当今书籍设计正处于变革的时代，日新月异，风云际会。

百年来的书衣名家，何止二十。即以我自己偏爱的名家而言，也超过了这个数字。再者，选入书中的书衣大多为文学类作品，工具书、科技书以及少年儿童读物中的不少设计佳作都未能收入。书籍装帧世界犹如群星璀璨的浩瀚天宇，《书衣二十家》只是一个书衣爱好者的"坐井观天录"。

全书二十家，按照书装艺术家出生的先后排列顺序。

正文书衣，基本依据评论中出现的先后排序。附录书衣的顺序，以书籍出版的年份早晚排列；同一年出版的，则以书名首个汉字的笔画多少为序。

书衣的版本，不限于书的初版或再版版次。

选入的书衣，原书开本有十六开、大三十二开、三十二开、二十开等多种，但因为本书的版式所限，图片大小做了统一处理。

书中从鲁迅到曹辛之十二家早已完篇，并在二〇一〇年和二〇一一年的《寻根》杂志连载。之后，因为全部彩印的书籍出版之难早在预料之中，也就意兴阑珊，暂时打住。感谢海燕出版社黄天奇社长，看中并慷慨地接纳了这半部书稿，列入选题，鼎力推动本书的出版。于是，续写了后边八家。二〇一四年初夏，全书杀青。

台湾黄永松先生和王行恭先生，惠赠资料，回复咨询，对本书的写作给予了不可替代的支持和帮助。这里，一并表示真挚的谢意。

二〇一五年十一月八日，农历乙未立冬，何宝民记于郑州。

图书在版编目（CIP）数据

书衣二十家/何宝民著. — 郑州：海燕出版社，
2017.1

ISBN 978-7-5350-6803-3

Ⅰ. ①书… Ⅱ. ①何… Ⅲ. ①书籍装帧－设计－研究－
中国 Ⅳ. ①TS881

中国版本图书馆CIP数据核字（2016）第171643号

出 版 人　黄天奇
责任编辑　郑　颖
装帧设计　张　胜／生生书房
版面制作　从文工作室
责任校对　李培勇
责任印制　邢宏洲
责任发行　贾伍民

出版发行　**海燕出版社**
　　　　　（郑州市北林路16号　450008　0371－65734522）
经　　销　全国新华书店
印　　刷　恒美印务（广州）有限公司
开　　本　16开
印　　张　18.5
字　　数　210千字
版　　次　2017年1月第1版
印　　次　2017年1月第1次印刷
定　　价　98.00 元

绀弩散文《绝叫》插图　张光宇